孕・動・瘦

紓壓備孕｜緩解孕期不適｜去除產後臃腫｜

恢復少女線條 的快樂孕動法！

尼西健康小學堂
共同創辦人

張保保——著

Pregnant & Fitness

「推薦孕媽咪，不可以錯過的孕期完整訓練概念！」

── **蔡忠憲** 康富物理治療所院長

「孕婦運動目前在台灣健身市場裡，是比較缺乏關照且充滿迷思的一個領域。幸好我們現在有了保保與白白！」

── **「健美女大生」** 知名健身教練與部落客

「媽媽產後健康的守護女神，誕生！

懷孕媽媽若有疼痛或身體不適，醫師或治療師的治療通常會變得極為保守，因為結構（骨盆、韌帶鬆弛、脊椎）、化學（荷爾蒙、神經傳導物質）、情緒，都有極複雜的變化，深怕一個不小心造成傷害。但臨床上很常看到產後媽媽核心無力、下背痛或手腳疼痛腫脹，其實是可以治療的！保保、白白的尼西團隊，跑遍世界各地，擁豐富知識的腦、熱情的心、細心治療的雙手，宛如媽媽的守護女神，引領妳走向健康的大道。」

── **王偉全** 長安醫院復健科主任 暨台灣增生療法醫學會副理事長

——作者序——

我曾看過一個大約 30 秒的影片，一個小女孩在鏡子前面扭動屁股，甩頭拍手，不斷大聲地對鏡子中的自己說：「看到你真開心！」「你真是世界上最可愛的人！」「我真是太太太喜歡你了！」但是由於女人的身體實在太特殊，經過長大、成熟、懷孕生子，可能一甲子或近一世紀的時間，等到我們再發現並驚訝於身體上的變化時，已經對自己的身體失去信心或甚至自卑、不再喜愛。

女人一生當中有太多豐富的美麗與哀愁，而我這個人喜歡認識新朋友，喜歡觀看甚至參與不同人的生命故事，這本書的出現，也是我想認識新朋友的延伸，透過有趣的專業知識分享，參與了你的生命旅途中，妊娠前後的身體改變。

希望閱讀此書的你，跟我一起更加享受身體的每一處變化，好像影片中的小女孩一樣。我希望可以陪伴大家透過認識自己，學習身體的變化與知識，重新愛上自己的身體。

我也特別感謝每一個協助本書出版的朋友，一同創作的攝影師、拍攝動作的夥伴、動作指導或是編輯、參加我們課程的學生，還有不斷鼓勵我們深入研究女性身體的 Vivian。當然，我也很榮幸可以與正在閱讀這本書的你分享，生命每一個流動的時刻，閱讀以及被閱讀的當下都是流動的金沙，希望你細細感覺自己的身體，如果可以，聯繫我們與我們分享你身體的故事，我正等著你呢！

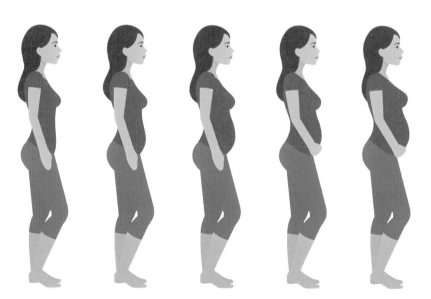

妊辰初期（2～4個月）	妊辰中期（5～7個月）
賀爾蒙變化會讓媽媽身體較疲憊	適應賀爾蒙變化，骨盆開始前傾倒，身體更加靈活

—— 本書介紹 ——

身為女人，在一生當中有許多機會可以愛上自己身體的變化，並且為此感到驚奇！

尤其是孕產的過程，許多孕中與產後的媽媽，會對自己身體的變化感到陌生與不知所措，所以這本書希望透過簡單有趣的方法，讓媽媽可以了解自己的身體，除了在面對一些可能發生的不適時更有預備之外，更希望透過圖文的說明，讓媽媽們欣賞自己身體的改變。

整個妊辰分成三個時期：妊娠第二到第四個月是妊娠初期，第五到第七個月是中期，最後的第八個月到生產是妊娠後期。

三個時期各有不同感受，初期賀爾蒙變化會讓媽媽身體較疲憊；但是當進入中期的時候身體就適應（不得不佩服女人多變的適應性），這時期骨盆也開始前傾倒，身體更加靈活；後期的時候媽媽的身體預備進入生產，骨頭與肌肉都可能發生錯位。

至於產後，許多妊娠過程的痕跡還會留在身上，改變身體曾經有的記憶是一件有趣而且重要的事情，讓我們一起來看看怎麼做吧！

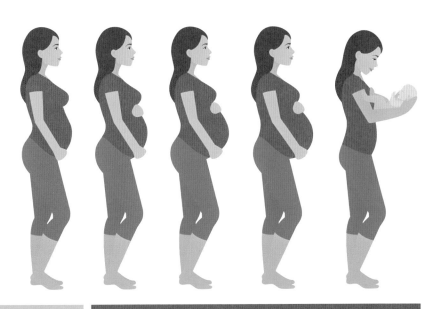

妊辰後期（8個月～生產）

身體預備進入生產，骨頭與肌肉都可能發生錯位

CONTENT

單元 1 懷孕前 有關懷孕這件事

單元 2 孕期間 適合孕媽咪的運動選擇、不適緩解

「透過正確的運動，可以增加受孕的機率嗎？」許多期待懷孕的媽媽會提出這樣的疑問。

俗話說，「做人不容易」，要讓一個小生命在媽媽肚子裡孕育，媽媽的身體必須具備適當的環境讓受精卵好好生長。如同種子種在土裡，我們希望它長成一棵大樹一樣，我們會考慮化學性質的影響，例如土壤的養分是否足夠，陽光空氣水等支援系統是否足夠？此外影響種子發芽還有物理性質的影響，例如土壤是否被鬆動讓空氣進去？土壤是否足夠？……這些都會影響孕媽咪的肚子能否扮演好肥沃的土壤角色。

因此運動之前，我們可以先了解什麼是適當受精的環境、什麼因素會影響胚胎的穩定，以及相關迷思，為準媽媽們做出詳細介紹。

1

懷孕前

有關懷孕這件事

懷孕，這件神奇的事

對於想要懷孕的女性來說，是否能夠成功受孕，簡直就像不知道什麼時候會中樂透一樣神祕。其實身體準備懷孕前，是會產生不同變化，讓全身都進入備孕狀態的，現在讓我們來一探究竟吧。

備孕時的賀爾蒙變化與身體組成

化學性質對於備孕的影響

要讓一個小生命在媽媽肚子裡孕育，首要條件，就是媽媽的身體必須具備適當環境，讓受精卵好好生長。

因此我們第一會考慮到的，就是媽媽肚子裡的養分是否足夠？子宮內膜的厚度是否足夠？子宮內膜這層厚厚的血液堆疊，是靠著女性賀爾蒙交替作用下的產物，而這兩位鼎鼎大名的賀爾蒙相信大家都有聽過，**分別是「雌激素」與「黃體素」。**

這兩個推手一起讓媽媽的身體變得更「性感」，可以順利受孕、寶寶成長茁壯。但是這個「性感」的定義，跟我們一般外貌協會的定義非常不相同，既不能太胖也不能太瘦，這個穠纖合度的比例怎麼抓呢？透過以下比喻一一為各位說明！

● 雌激素

首先，我們必須先認識雌激素。

雌激素是讓子宮內膜豐厚的重要推手，就像傳遞大腦發號司令的使節。 假設整個身體都是大腦這位皇上的領地，今天大腦希望領地能發展成一個豐沛、充滿生育力的身體，便會派出雌激素。

雌激素會到身體不同的系統傳遞聖旨。它跑到血管系統，打開捲軸命令：「大腦聖上命令我們要變成性感、充滿養分的身體，負責運送養分的血管部門，就是身體裡的河運系統，血球像是一艘艘載著貨物的船，為了讓這些養分貨物可以流暢通行，河道要擴寬！也就是血管必需擴張！讓更多養分在身體各處可以運行！」於是我們的動脈就開始變寬，雌激素讓動脈更容易運輸養分。一個預備懷孕的媽媽，身體各處應該像豐饒的土壤，將能量累積在身體內，也就是將吃下去的食物留在身體裡，變成脂肪等營養。

因此，**雌激素分泌時，女性是特別容易形成脂肪的，特別是皮下脂肪**，也就是俗稱的蝴蝶袖、大腿水梨狀的肉肉們，這些其實是大腦為了讓身體預備懷孕的成果，也是雌激素努力傳達消息到身體各部門的顯著成果。

沒錯，雌激素為了備孕，會讓女性的脂肪容易累績。因此備孕期間，千萬不要過度減脂，脂肪是重要的原料，它形成我們的賀爾蒙，提供燃料。所以對大腦而言，「性感」的定義就是體脂要高於 22%，代表這個身體儲存了足夠、適合的能量來孕育新生命！

● 體脂

相反的，女性的體脂如果低於 22%，就表示雌激素大使在傳遞訊息上有問題；**也就是說，體脂低於 22% 時，女性賀爾蒙開始有不穩定的風險！**

就像大腦要派出雌激素使節，但是雌激素使節團的人數不足，大腦無法傳遞訊息。為什麼會人手不足呢？原來賀爾蒙的來源就是脂肪！好的脂肪會在身體形成固醇類，當身體或情緒壓力過大，身體會先將脂肪拿去抵禦壓力，可能變成熱量燒掉，也可能轉換成其他使節賀爾蒙，例如腎上腺素、甲狀腺等。這些大使傳遞的消息不是讓身體變性感，而是讓身體變成一名戰士！一名打戰場上廝殺的戰士為了應付壓力，身體會犧牲生育的能力，先尋求生存，很務實啊！

因此，**過大的壓力都是在備孕期間應該要避免的**，如果你正在預備懷孕，卻有很大的壓力，應該要先調節、放鬆身體，選擇強度輕度的運動（自覺用力係數 8~11），甚至紓壓運動進行。許多運動，例如呼吸、瑜珈、緩和的伸展都可以讓舒緩壓力。

相反的，在壓力較高時，並不適合直接進入一般的抗阻力訓練，因為一般抗阻力訓練中的超負荷原理，就是要增加身體的壓力，特別是肌肉的壓力，讓肌肉長大；這時女性無法變

成孕育生命的母親，反而會變成打仗的戰士。若是擔心壓力過大影響備孕，可以透過壓力檢測、賀爾蒙檢測得知（了解是否有腎上腺、甲狀腺能度過高）。本書附錄中的可體松匱乏簡易問卷，可以讓你快速自我刪篩檢（請參照附錄 p.124），但完整的測試，建議可以尋找主打「功能性醫學」的相關診所進行。

● 黃體素

另外一個重要的使節，黃體素。

這位是由卵巢排出的卵子所派出的使節。當卵巢裡有一個卵細跑成熟，排卵之後，這顆卵細胞會像蛇一樣脫皮，脫下的這層皮可以稱它為濾泡，它本來是卵細胞的一部分；而這層皮，也就是濾泡轉換型態與名稱，變成身體傳遞訊息的重要大使團，大使團的名稱就叫做「黃體」，黃體派出去一個一個的使節，就稱為「黃體素」。

黃體素就像卵子的護花使者，當卵巢排出卵子時，就像是家裡嫁女兒要送上嫁妝一樣，身體會派出黃體素護送卵子。黃體素開始在身體各處發出訊息，每個訊息都在幫助卵子未來發展順利，一直到卵子成為受精卵、成為胚胎時，黃體素都不離不棄的保護著它，因此它又稱為「助孕素」、「胚胎著床的守護神」。

它具體的保護行為有哪些呢？它能讓子宮內膜更加穩定、讓韌帶組織比較鬆弛適合生產，它也跟雌激素一樣，努力為身體儲存養分，不過它跟雌激素的手段可不一樣！**雌激素會讓脂肪累積，黃體素會讓肌肉難以生成！**為什麼要讓肌肉難生成呢？因為對大腦節能的機制來說，肌肉就是個賠錢貨！因為肌肉組織很容易消耗熱量，又不像脂肪可以儲存能量，因此黃體素就很聰明的讓肌肉不容易生成，身體的能量就不容易流失了！

● 體重

看完以上簡單的賀爾蒙介紹，也同時可以回答為什麼一般女性更容易累積脂肪，更難生成肌肉。簡單說，女性比男性更難減肥、也更難練出線條，這些都是為了宇宙繼起之生命，生育這件事做的準備呢！但是，也不代表備孕的女性可以無限變胖，因為體重過重也會造成身體的負擔，造成備孕的負擔喔！

一篇研究曾指出，**BMI 值大於 25 的女性族群，BMI 每上升 5，成功受孕的機率就會下降 7%。**也就是說一般成功受孕，並且在孕產過程中順利（沒有發生小產等問題）者，在正常

的 BMI 值 18~25 族群中，順利受孕的比例是 56%；但是 BMI 在 >30 的族群中，成功受孕的比例變成 41%。其中可能的原因，包含了體重過重，常常伴隨血壓、血糖控制問題，以及腹腔因為過多負擔讓壓力過大，內臟處於不穩定的狀態，自然子宮也更容易受到壓迫。若是備孕的媽媽體重過重、BMI 過高，建議透過有計畫規律的運動控制，讓身體的系統穩定，為小寶寶預備合適的環境。

因此，**備孕的媽媽，身體基本組成建議 BMI 控制在 18~25，而體脂肪則不要低於 22%** 。並且要注意壓力的調控，不要忘記壓力會讓媽媽變成戰士，無法變成養分豐饒的母親。

物理性質對於備孕的影響

物理性質，就是指媽媽子宮的形狀、子宮的位置、子宮的溫度等是否適合懷孕。

有些女性會有子宮前傾倒或是後傾倒的問題，子宮的位置會影響受精卵著床的成功率，目前沒有運動可以改變子宮的位置。由於子宮前面就是膀胱，後面就是大腸，子宮前傾的女性可能會有頻尿的困擾，後傾倒的女性可能會有便祕的困擾，雖然會影響著床，但是順利受孕生產的媽媽還是很多。

而子宮的溫度，則是受到腹腔血液循環的影響，若是骨盆周圍的肌肉過度緊繃，可能會影響周圍的血流；血流量不足，養分熱量自然比較少。亞洲女性特別容易整天坐著都不運動，骨盆周圍的肌肉就會變得很緊繃，自然會有血流變小的問題，這導致女生肚子周圍冰冷，甚至運動全身都熱得流汗，偏偏肚子還是很冰冷，表示骨盆周圍的血液循環不好，子宮的溫度自然受到影響。

好消息是，只要透過活動骨盆周圍的肌肉，啟動骨盆周圍肌肉的運動，就可以促進骨盆腔的血流，間接讓子宮有更好的溫度。這些種類的運動很多，像是健柔運動（Gyrokinesis）、很多常見的核心運動，本書強調的腹腔壓力穩定運動等，都是非常推薦的。

一個優良備孕期間的運動設計，必須先知道孕媽媽在預備懷孕有哪些身體需求，從化學性的賀爾蒙穩定，到物理性質的腹腔壓力穩定都要參考。若是心理壓力過大，也可以選擇適合的紓壓運動進行，女人是個說複雜蠻複雜的生物，但其實也很好相處，只要滿足了身體需求，就可以有豐富的創造力與可能性呢！

2 有助於身心減壓的運動

在上一節我們已經提到，當身體感受到過大的壓力時，也會比較不容易受孕。但有沒有什麼方式或是活動，是可以幫助我們減去壓力的呢？我們將幾個比較有趣且好達成的活動介紹給各位。

紓壓運動

紓壓運動一般以三種原則組成，分別是呼吸、伸展、有趣的互動。根據不同原則，又可以分為三種不同的強度。下面分別介紹三種紓壓運動：

低強度運動

1.「頭部靠牆深呼吸」

為什麼呼吸是減壓運動呢？

事實上，很多人的身體長期處在缺氧狀況。由於呼吸習慣不好（可能使用頸椎呼吸法，或是壓力造成呼吸習慣性短淺），長期下來都會造成身心額外的壓力，進一步可能會反應在賀爾蒙失調上。**因此，有意識的加深呼吸，是穩定賀爾蒙的第一步，並且直接影響到自律神經系統（自律神經系統是告知身體放鬆或是警醒的神經開關）。** 呼吸是非常簡單，但是非常重要與壓力調整的根本。

「靠牆呼吸運動」是紓壓運動的一種舉例，若是過程中有些微頭暈，可能是因為暫時過度換氣造成的，不需要緊張。恢復正常呼吸的深度與頻率後，暈眩會自然緩解。

執行這個運動後，若你成功提供身體足夠的氧氣，就會覺得神清氣爽；但若是有長期壓力失調的狀況，便會非常想睡覺，這是因為身體來討睡眠債，趕緊安排足夠的休息時間吧！

1 將頭部靠在牆壁上，雙眼閉起，但是身體不要碰到牆壁。

2 進行快速短淺的呼吸 10 下。

3 之後，盡可能吸氣到底，再吐氣到底。

4 上述步驟，反覆 30 次。

2.「基礎伸展」

「瑜珈」這個字包含了重新建立身心平衡的意思。事實上一個正確的伸展，可以帶動全身的壓力調整，進一步深入賀爾蒙穩定系統，讓壓力賀爾蒙更加平衡。

這裡要介紹的伸展動作，除了可以伸展肌肉、筋膜、神經組織；還可以些微牽動到肝臟的活動，如果你常常覺得早上起床身體格外僵硬，睡飽了還是爬不起來，這個運動非常適合你！

1 四足跪姿預備姿勢，維持此姿勢進行 3~5 個呼吸。吸氣到後背肋骨處。

2 屁股坐到腳跟上，當伸展右側身體時，將右手穿過對側肩膀的腋下，做出胸椎旋轉的動作。

3 伸展後停留 2~3 個呼吸，換邊進行。

反覆 6-8 次。

3.「微笑運動」

要舒緩壓力，笑是最好的方式！一篇研究顯示，光是臉部做出微笑的動作，甚至意念不需要有「微笑」的想法，就可以讓情緒賀爾蒙改變，**因此一邊運動，一邊創造歡笑，是壓力調整的最佳辦法。**

1 把鉛筆放橫咬入嘴巴，維持 30 秒鐘，就可以有效增加血液裡的血清素。

可與下方趣味動作搭配，做為開頭暖身動作。

中等強度運動

「鏡子模仿」

1 找一個朋友，兩個人四肢著地面對面，互相模仿。

2 四肢著地，膝蓋懸空。

由一方先進行動作，另一方模仿。

3　舉起右手，另一方模仿。

4　舉起右腳，另一方模仿。

模仿運動重點在於樂趣，嘗試發揮更多創意，達到減壓效果。

每次動作以 30 秒為單位。

健柔運動

健柔運動的英文為 Gyrokinesis；Gyro 就是很多平面旋轉的意思，我個人很喜歡稱它為「多面向脊椎運動」。非常推薦給對於喜歡按摩，整骨放鬆的朋友，因為在運動中你可以找到肌肉放鬆、活動開脊椎的方法。

這套當初由歐洲舞蹈家發明的運動，創辦人就是為了治療脊椎疼痛的問題而發明，現在已經在世界各地風行。台灣也有多位接受完整訓練的老師，建議在網路上搜尋方便上課的地點和教學老師。

很多媽媽懷孕時，常常對於孕期運動會有以下疑問：「我的醫生說要維持懷孕前的運動習慣，但是我孕前沒有運動，該怎麼辦？」、「懷孕時運動是不是會造成胎兒不穩？」、「懷孕還可以跑馬拉松嗎？還可以倒立嗎？還可以做重量訓練嗎？」……這些問題我們都將在本章節中回答你。

隨著媽媽的肚子越來越大，孕期間的種種不適也會越來越明顯，甚至影響到媽媽們的生活作息，像是便祕、腰痠、抽筋，或是肚子太大造成的睡眠不適……等，本章希望透過基本的生理知識以及運動建議，幫助媽媽們解決和舒緩懷孕的各種不便。

孕期間

適合孕媽咪的運動選擇、

不適緩解

懷孕為什麼要運動？

懷孕要運動？在華人社會中，這真的是一個很新穎的話題，一部分是因為我們的文化從來都不這麼重視運動，面對身體的疾病與老化一直都是逆來順受，從未想過是否有正確使用身體，身體的使用與保養，好像刷了健保卡，健康和問題都交給醫生就好了。

其實這是非常可惜的，不論是傳統中醫或是西醫，都很強調運動是健康的根本，所以今天我們要來討論，懷孕過程中為什麼要運動，有運動有什麼差別？對媽媽和寶寶有什麼好處？

● ● ●

揭開受孕的神祕面紗

在進入運動的細節之前，先來揭開懷孕初期胎兒不穩定的神祕面紗，也讓每一個選擇進入運動的初期孕媽媽，在這方面有更多清楚的知識！

受孕

當精子衝向卵子成為受精卵後，便會在子宮著床，也就是由這兩個人類 DNA 組成的小生命，開始在子宮內膜上慢慢長大。

就跟在棉花上長大的小豆苗一樣，只是這次種在子宮內膜上的是一顆人類種子。小豆苗要茁壯的長大，棉花必須又厚又濕，而且有足夠的陽光、空氣、水；種在子宮裡的這顆受精卵也是一樣，依賴著媽媽的子宮內膜，讓種子可以順利著床，如果子宮內膜不夠厚或是養分不足，受精卵在發育的過程中，可能會因為沒有足夠的營養，而無法順利發育。

若是受精卵著床成功，那就是「做人成功」，一個新生命會在子宮內慢慢茁壯。但實際上，精子與卵子相遇後，做人失敗、無法順利在子宮內膜上登陸的比例是蠻高的！這顆無法著床的受精卵，就會隨著下一次生理期排出體外，有研究指出無法順利著床的比例高達 30% ！

什麼原因，會讓這層棉花無法好好供應養分呢？回答這個問題前，當然必須先知道是誰讓子宮內膜這麼富饒的？

女性身體中獨有的女性賀爾蒙——雌激素與黃體素每個月會交替出現，讓子宮內膜增厚。相反的，若是賀爾蒙無法穩定分泌，自然不會產生又厚又濕的子宮內膜，此時受精卵就無法成功著床了。

賀爾蒙是否穩定，可以從每個月的生理期是否規律、月經排量與天數是否正常，來觀察自己的身體是否適合受孕。**人類賀爾蒙的原型是脂肪，若沒有攝取足夠的好脂肪或壓力過大，都會導致賀爾蒙容易失調。**此外，若是先前受過其他傷害，例如習慣性流產、人工流產，或其他系統性疾病，例如高血壓、紅斑性狼瘡⋯⋯等，都會讓子宮無法順利提供富饒的子宮內膜。

現代人生活壓力過大，倚靠咖啡提神的人非常多，在營養上不注意，也不理解何謂好脂肪的人也非常多，這類問題我們暫不在書中回答，建議尋找具有相關背景的自然醫學營養師，提供協助進行系統性的評估，了解自身飲食的問題，搭配壓力調整，讓賀爾蒙恢復平衡。

常見胎盤不穩定因素

● 受精卵著床位置錯誤

但是，就算孕媽媽有一個豐厚的子宮內膜，這顆受精卵也有可能會著床在錯誤的地方，例如，輸卵管！好像小豆苗沒有種在海綿上，而是種在培養皿的外側。這時非常危險，因為輸卵管的質地不像子宮充滿彈性，可以不斷被撐大還不會破掉；若是著床在輸卵管上，在胎兒不斷發育的過程中可能會把輸卵管撐破，造成體內大出血；當然，在輸卵管上著床也可能由於養分不足，身體會自然排掉，而造成小產。

子宮

輸卵管

寶寶正常長大的地方　　　　　異位妊娠

一樣沒種在正確位置的，還有另一種常見狀況，醫學上稱為「胎盤前置」。指的是，這顆受精卵種在很靠近子宮底部的地方。而子宮底部恰好有一個按鈕，原本是預備要生產時，寶寶的頭會下降到子宮底部上的這個按鈕處，而誘發子宮收縮。

也就是說，這是一個生產前才適合接觸的地區，如果受精卵在此著床，胎盤隨著受精卵的位置也在子宮底部開始發育，若是領地越來越大的胎盤不小心壓到這個按鈕，就會導致提早宮縮！這時候就有點尷尬了，小人還沒成型，就被擠出去，就會變成俗稱的滑胎。

聽起來很可怕，但是前置胎盤的情況不一定會發展成悲劇，因為儘管胎盤的位置非常靠近按鈕，但因為在胎盤發展領地時，也可能一直往遠離子宮底部宮縮按鈕的位置發展，這時隨著小人在子宮內長大，越來越遠離子宮底部的按鈕，就越來越安全。因此，只要有胎盤前置的問題，一定要搭配醫生的密集檢查，醫生也會告知請孕媽媽盡量休息，不要搬重物，因為腰椎的大動作都可能讓胎盤不小心按到按鈕，導致提早宮縮。

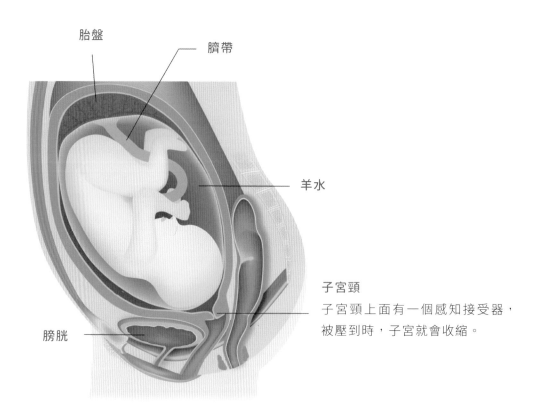

胎盤　　臍帶

羊水

子宮頸
子宮頸上面有一個感知接受器，被壓到時，子宮就會收縮。

膀胱

● 多胞胎與高價懷孕

假設子宮內膜不夠豐厚、受精卵跑錯地方等問題都沒有發生，恭喜！這時受精卵順利著床，胎盤也開始發育，大約妊辰 6~7 週時，為了讓人類種子可以在子宮內膜上吸取足夠養分，身體會分泌一種賀爾蒙叫做「人類促絨毛性腺激素 HCG Human Chorionic Gonadotropin」，這個賀爾蒙會刺激黃體，確保土壤持續豐厚，這時胎盤這塊養分加速吸收器，也會在子宮內膜上發育起來。

但是這個賀爾蒙也有個副作用，就是會孕吐！ HCG 會改變你的口味，飲食習慣，甚至會有嘔吐的現象。若是有嚴重孕吐的狀況，就代表身體分泌了非常多的 HCG，也就代表將形成一個特別大的胎盤。這是為什麼呢？因為很可能你的身體不只醞釀了一個生命，而是兩個，甚至三個！也就是多胞胎的狀況！如果發現這類情形，需要透過跟醫療單位密切的檢查與合作後，再開始運動。由於一樣的一個房間，提供一樣的空間、食物，現在卻變成要住兩個人，甚至三個人，當然可能會有搶資源，甚至資源不足的狀況，這時不建議直接開始進行運動，雙胞胎的媽媽還可以適量的運動，但是多胞胎的媽媽必須要休息，完全配合醫生的指示。

● 孕媽媽的生活習慣

胎兒發展初期，也是寶寶神經系統發展的重要階段，這時常常會有醫生建議要補充葉酸，讓神經系統可以順利發展。

但若是孕媽媽沒有注重生活習慣，在這時期有飲酒的情形，酒精也會影響寶寶的神經發展，可能造成智能不足。相同的，若是媽媽吸菸，**尼古丁會讓血管收縮，導致胎盤這塊養分集中器失去功能**，小寶寶失去養分，也可能會胎死腹中。提醒媽媽不單是自身要戒菸超過半年，二手菸以及環境中的三手菸，都要主動避免。

● 物競天擇的自然小產

假如你避開了上述的狀況與問題，恭喜你已經避開懷孕初期八成可能導致小產的危險因素，其他因素，一部分屬於「自然小產」，顧名思義這是大自然選擇的結果。一份研究表示，這類小產比例高達 20%，孕媽媽沒有做錯任何事，小寶寶也沒有問題，就是一個自然淘汰的結果，因此千萬不要因為這樣而愧疚。

懷孕 VS 運動的常見迷思

透過上述各項說明，我們已經破解了可能小產的常見原因，各位媽媽是否發現，除非有特殊狀況，否則很難是因為運動而導致小產，或是因為運動讓胎盤更加不穩定，相反的，固定的運動反而能幫助避免掉一些危險情況，讓媽媽與胎兒的狀況更好！

然而，談到孕期的運動，多數人直覺都想到透過運動讓媽媽有更好的體力，適當的放鬆，等到懷胎十月卸貨時，生產過程會更加順利？這個想法一半是對的，一半是錯的，在我們達到運動真正的目的之前，必須先破解一些常見的迷思。

迷思 1：
懷孕過程中維持運動習慣，就一定會順產嗎？

不！不一定，請你思考一下，小寶寶是住在哪裡呢，是住在子宮裡！那麼，生產時身體是哪部分在用力呢？是核心肌群、腹部在發力嗎？其實並不是，真正最主要的出力大功臣是「子宮」。

因為子宮收縮（也就是俗稱的宮縮）會把寶寶擠出來，但我們可以在懷孕的過程中，透過運動增加子宮的力氣嗎？很遺憾，並沒有辦法，所有的訓練都只能針對肌肉骨頭系統，無法針對「子宮」這類內臟進行運動訓練。

然而，除了子宮的因素之外，還有哪些因素可能會影響生產呢？這些因素包含：寶寶的胎位是否正確、媽媽的骨盆大小是否適當。**而懷孕後期，的確可以藉著一些放鬆動作讓骨盆比較鬆，讓寶寶的頭部更容易下降到骨盆腔**，但沒有辦法透過運動保證一定順產。

迷思 2：
懷孕初期運動，容易導致小產？

針對懷孕初期的運動，許多人是非常怯步的。因為初期是胎兒相對不穩定的時期，因此很少有孕媽媽在懷孕初期會主動到健身房運動，但是不運動，胎兒就會更穩定嗎？

其實正確的運動，反而可以提供骨盆腔好的穩定，更可以預備身體進入懷孕中期所需要的能力！

迷思 3：

若我選擇剖腹產，有沒有運動也就沒有關係了？

在美國婦產科學會 ACOG2002 年提到，若無醫療狀況或產科併發症，孕婦每天最多可以進行 3 分鐘以上的中等強度運動；如果沒有每天運動，建議孕婦每週挑幾天運動。

2006 年進一步強調**孕婦持續運動，可以減少子癲前症（**懷孕中出現的高血壓，合併水腫或蛋白尿，容易在懷孕二十週後出現**）、糖尿病與肌肉骨骼問題。**正確的運動，可以減少妊娠時身體可能會併發的不適，特別是上文中 ACOG 所指的子癲前症是非常危險的狀況。

以妊娠高血壓舉例，請你想像身體裡的血管就像你家陽台的黃色水管，平常水在這個水管裡慢慢流動，提供養分到不同的器官，但是懷孕時，由於血液不只要供應媽媽還要供應寶寶，因此必須把水龍頭開大一點，妊娠中期媽媽體內的血容量會上升 40%，目的就是讓更多的血液經過血管。當然，在身體裡供應血液的並不是水龍頭，而是透過心臟的跳動，因此在懷孕初期到中期的階段，心跳會上升以供應全身的血液與養分。

不過，當寶寶一天天成長，需要的養分越來越多，水龍頭越開越大，水管承受的衝擊力就會越來越大，如果你過去並沒有良好的有氧運動習慣，讓身體學習如何適應不同的血壓變化，懷孕過程中的血壓變化就可能造成妊娠型的高血壓。好像劇烈的水流一直衝擊水管，水管可能會被衝破導致體內出血，這類高血壓的問題若是沒有控制，懷孕後期，醫生可能會為了保住媽媽的性命強制終止妊娠！

該如何避免這個狀況呢？**要訓練你的身體血管彈性，讓身體有好的血液動力學變化**（心跳改變的速度、血管張力反應、器官充血的速度），就是要透過有計畫的有氧運動才能達到，而且是中等強度的有氧運動。以跑步舉例，必須跑到有點喘，無法說出一句話的程度，才算是有訓練到。希望上述的舉例，可以讓你明白懷孕過程中運動的重要性！

迷思 4 ：

我的媽媽婆婆阿姨祖母，懷孕時一天吃三顆雞蛋都沒有運動，
是否應該聽從前輩的妊辰建議，乖乖在家進補少活動呢？

親愛的，個案經歷並不能當作真理，過去的產婆的確都是經驗豐富的婆婆媽媽，但是現在的醫療建立在對身體的正確知識上，婦產科醫師不需要生過一打小孩才能從醫學院畢業，泌尿科醫師也不需要親生經歷各種泌尿感染。

建立在對身體正確解剖與力學、生理營養認識，才是選擇適合自己運動的方法。謝謝前人的好意，但是每個迷思背後，都有值得探討的原因，真正了解自己的身體，才能找到適合自己健康活動的好辦法！

孕期的最佳選擇：
有氧運動

既然累積了足夠的知識，從此章節開始，我們便要進入運動階段。

俗話說一百個懷孕的媽媽，會有一百個樣子，整個懷孕的過程中，從賀爾蒙的變化、寶寶的變化、媽媽的身體素質……等等，都會影響到生產的過程。

到底孕媽媽的身體會有哪些變化，有些變化在身上明顯，有些不明顯，但都是必然會發生的。在孕期中，我們會建議孕媽咪可以從調整呼吸、腹腔壓力、核心，以及適當的有氧運動著手，接下來就請跟著我們一起進入運動孕動的部分吧。

在實際進入運動之前，必須先了解自己的身體是否適合運動？因此，我們必須透過一份「孕前問卷」，清楚了解每個媽媽是否適合進行運動，以及對於運動的期待。

這份問卷非常重要，不論是實體課程、書籍、網路文章我們都很強調問卷的重要性，絕對不是聽從鄰居阿姨或路人的建議，而執行孕中的運動及選擇。傳統的經驗分享很好，但卻不一定適合每一個人！強烈建議每位媽媽，或是想要帶領孕媽媽運動的專業人士，必須先閱讀過這份問卷。（請參考 p.124）

完成了問卷，確定身體在適合運動的範圍內，就讓我們來討論適合孕期的運動設計吧！

陪伴孕媽味的有氧運動

什麼是有氧運動？有氧運動指的是會使心率上升，增加心肺系統壓力，並且大肌肉群交替收縮的運動。

聽起來很抽象，但其實就是一般大家知道的跑步、騎腳踏車、跳繩等運動。這些運動會讓人當下氣喘吁吁，因為身體需要更多氧氣完成這些動作，因此提高你心跳與呼吸的頻率，讓更多氧氣可以進到身體裡。而有氧運動隔天會覺得大肌肉群痠痛，這是因為大肌肉群交替收縮造成的。

前面提到懷孕過程中的運動，最主要是希望讓孕媽媽的血壓更加穩定，透過有氧運動適當的給予心肺血管系統壓力，這些氣喘吁吁的感覺，可以強健你的心臟與血管，進而讓子癲前症遠離你！

有氧運動的選擇與判斷

懷孕期間維持有氧運動的能力，能夠讓媽媽在妊娠過程中，維持好的血液動力學（包含心跳、血壓等之間的變化）。至於在有氧運動的選擇與設計，該注意那些事情呢？

可以依照以下幾點來判別是否合適：

● 有氧運動的強度

選擇適合的有氧運動，並且監測運動強度是非常重要的。

不同於一般的有氧運動可以用心律來監控強度，懷孕過程中的孕媽媽因為心率會比一般人快，而且常常會因為要供給小寶寶血液而變化，所以孕期中運動強度，只能請孕媽媽主觀的感受。這種利用主觀感受監控運動強度的方法，叫做「自覺用力係數」。可以藉著改變運動的方式、頻率、來調整到適合的有氧強度。

在妊辰過程中，不同階段建議的運動強度為：

懷孕期間	自覺用力係數	檢測
初期	11~13	可以用說話測試來檢測。 此階段的有氧運動，孕媽媽應該要可以說出完整的一句話，並不會因為感到喘而間斷。例如：我早餐吃了漢堡、白日依山靜。若是有氧運動的強度已經無法說出完整的一句話，表示強度太強，需要降低運動強度。
中期	13~15	此階段的有氧運動，孕媽媽在說出完整一句話時，中間必須換氣。例如：白日依（換氣）山盡。
後期	11~15	因人而異，若身體沒有不適，可以延續中期的強度。若有骨盆痠脹、腰痠背痛等現象，可以降低強度至 11~13。

自覺用力係數

一般以 6-20 分作為運動強度的分級。
6 分：運動很輕鬆，完全沒有運動的感覺
20 分：運動累到不行，表示非常非常高強度運動。
為何要以 6~20 分作為自體感覺強度？因為在這個數字後面加上一個零，
即可以預測你運動當下的心律，也就是說自覺用力係數為 7 時，此時的心率大約是 70 上下。

● 有氧運動時間

在整個孕期的有氧運動時間，都不建議超過 45 分鐘。

在一組研究中，研究人員讓相同身體素質的兩群女性進行腳踏車有氧運動，一組實驗組懷有身孕，另外一組對照組沒有懷孕。超過 45 分鐘時，孕媽媽的血糖恢復比較慢，所以為了避免有低血糖的問題，不建議超過 45 分鐘。特別是懷孕前一週運動就少於三次的孕媽媽，建議在孕中的有氧時間需掌握在 30 分鐘內。

● 有氧運動類型

盡量選擇骨盆相對穩定的有氧運動，例如固定式單車。 在國外水中運動也是非常推薦的一項孕期有氧，但是目前國內許多游泳池的衛生控管與安全設置不一定適合孕媽媽，可能會有感染、滑倒的危險，因此這裡沒有特別推薦。

● 運動環境注意

孕媽媽在懷孕期間體溫會上升，若是不注意補水與散熱，可能會導致中暑的現象。就算是在室內，若是無法適當排汗，也可能會有室內中暑的問題。**理想的運動溫度是攝氏 23~25 度，** 戶外運動也要注意環境中的濕度與溫度，避免造成中暑。

有氧運動的重點提醒

● 避免「高強度彈跳」的衝擊運動：

懷孕期間一般強度的彈跳、震動，並不會造成骨盆腔的內臟傷害，除非媽媽本身的骨盆底肌群和內臟筋膜的張力都過度鬆弛。不過要注意的是，**「高強度彈跳」的衝擊運動就可能會增加小產風險。** 一篇研究觀察指出，懷孕初期以美式壁球為有氧運動的婦女，具有較高的小產風險。

● 運動技巧是否熟練？是否足夠：

以跑步為例，前腳掌的肉墊要能夠適當吸收地面震動。以有氧操為例，要避免過多下肢膝蓋衝擊性動作。如果在孕前就非常熟悉該運動，例如是國家級的溜冰選手，孕後當然可以持續進行溜冰，但若過去沒有這樣運動的習慣，建議從最簡單，骨盆最穩定的固定式腳踏車開始練習。

● 「有氧能力的維持、腹腔壓力的穩定」：

有氧能力能讓心肺血管系統更強健，避免妊娠子癲前症；腹腔壓力的穩定，能讓骨盆腔成為堅固的堡壘。掌握這兩個訣竅之後，如果要設計一堂 60 分鐘有運動課程，可參考附錄 p.125。

改善全身的正確呼吸法
與核心練習

常常聽到有人說核心訓練、軀幹周圍的核心肌群用力，這指的究竟是什麼？跟孕婦又有什麼關係？

以軀幹核心訓練來說，骨盆架構的穩定，需要透過正確的 3D 呼吸來塑造。因為正確的呼吸能夠讓骨盆的排列正確，而如同帳篷一樣的肌肉，就是我們的深層核心肌群，所以孕期前後的族群，必須特別強調的就是骨盆底肌群的啟動。

其實軀幹周圍的穩定，就像在蓋帳篷一樣。帳篷有支架作為骨頭架構，又有布幕作為支撐，保護住在裡面的人。在軀幹周圍，骨頭的排列是否正確，就是支架的部分，而肌肉是否有正確的收縮，就是布幕的部分。

我們的腹腔平常是個封閉的空間，想像我們的腹腔像是一個氣球，存在一個氣球內的壓力，讓氣球鼓鼓的。如果這個壓力越穩定，氣球就會越漂亮；但若是氣球裡的氣壓不穩定，氣球就會皺皺的。這股壓力，我們稱為「腹腔壓力穩定」。而腹腔壓力一旦穩定，便能更加保護子宮和寶寶。

接下來的段落，我們會一一向各位說明如何評估、訓練自己的核心。從呼吸訓練、骨盆底肌的啟動，到腹腔壓力的穩定，一步步一起練習。

正確呼吸

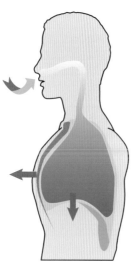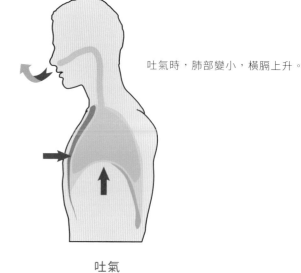

吐氣時,肺部變小,橫膈上升。

吸氣時肺部擴張(藍色區塊變大),橫膈下降。

黃色區域是胸腔,包含肋骨與周圍的肌肉,若是肌肉太緊張,會導致藍色區塊擴張的能力受限。橫膈也可能因為太緊張,無法順利下降。

吸氣　　　　　　吐氣

首先,先從最基本的呼吸開始。呼吸器官是肺臟,基本上就是由一大堆氣球組成的。當我們往氣球裡吹氣時,氣球變大,如同吸氣時肺臟擴張。肺臟這顆氣球很特別,氣球皮上布滿了血管,血管裡的紅血球就像養分的搬運工。當氣球充滿空氣時,搬運工就會將空氣裡的氧氣帶到身體裡!

肺臟這個氣球可以正確變大、吸入更多空氣是非常重要的。裝著這顆氣球的容器當然也很重要,不論這顆氣球的彈性多好,如果被放在一個小小的養樂多瓶裡,一定無法良好擴張。容器的質地也很重要,太軟的容器無法保護肺臟這顆大氣球;但如果放在太硬的容器裡,如同將氣球放在鐵製保溫杯裡,突然需要大口吸氣時就沒有可以擴張的空間了!

所以,上帝設計了軟硬適中的肋骨,以及周圍許多肌肉做為盛裝氣球的容器。而這些周圍的肌肉,就包含了穩定我們的肌肉群:深層核心肌群!

在肺臟的底部,是我們最主要的呼吸肌也就是橫膈肌,它的形狀如同帳篷一樣,會隨著肺臟的一吸一吐浮動。而橫膈肌就是牽動腹部是否有美麗小蠻腰的重要肌肉之一!組成深層核心的主要有四塊肌肉,橫膈肌位在肺臟的底部,同時位在腹腔的頂端,當橫膈肌可以扮演好肺臟地板的角色時,它就可以連動整個腹腔,做出好的動作!

因此,媽媽若可以在妊娠中做出好的呼吸,就可以提供內臟一個相對安穩的環境,為胎兒提供堅固的堡壘;並緩解許多妊辰中的不適。

檢視你的呼吸練習

說到這裡，我們先來檢視自己有沒有良好的呼吸能力吧！其實我們的每個呼吸，不只是呼吸系統的參與，更包含了身體大量的關節參與。現在雙手捧著你的臉頰，觀察一下，你深呼吸與淺呼吸時，臉頰與脖子周圍的肌肉也會跟著用力嗎？

上面提過所謂好的呼吸，就是讓肺臟在一個好的容器裡，這個容器必須軟硬適中，能夠穩定又可以適當擴張。大部分的人呼吸不正常，都是因為無法做出正確擴張所造成的（也就是容器太硬了無法擴張），這個呼吸的檢查方式，我們稱 3D 呼吸，也就是三個維度呼吸的意思，我們會檢查身體是否上下、左右、前後都可以正常擴張。檢查方式如下：

1　上下維度檢查

一手放在腹部，一手放在胸口，感覺兩者隨著呼吸擴張。當做出正確擴張動作時，雙手會跟著軀幹產生起伏。

（吸氣時，身體會像氣球擴張，雙手會被身體些微外推。）

2　前後維度檢查

一手放在肚臍上一手掌的位置，另一手放在同樣高度身體後方。當正確做出擴張動作時，雙手會跟著肚子還有後側腰椎產生起伏。

（吸氣時，肚子往前擴張，腰椎往後擴張。）

3″ 左右維度檢查

雙手放在肋骨左右邊。當正確做出擴張動作時,你會感覺雙手會跟著肋骨產生起伏。

(吸氣時,肋骨上的雙手會往左右兩側推出擴張。最理想的狀況,是左右兩側同時擴張,且程度相同。)

檢查的同時,可以針對肋骨比較不會活動的區域給予 1~2 公斤的壓力,練習吸氣到該部位,讓該部位的擴張程度增加,達到上下、左右、前後的擴張都平均的狀態。當上下、前後、左右都可以擴張時,就可以達到雕塑體態的效果。

有讀者會反應肚子或腰部的肉感覺分布不平均,其實這些不平均,都是因為內在容器擴張不平均造成的!這就是為什麼,正確的呼吸可以找回你的小蠻腰。

軀幹周圍的肌肉訓練

接著,我們要在正確呼吸的方式裡,再加上軀幹周圍肌肉的訓練。正確的呼吸可以啟動橫膈,也可以帶動深層核心肌群。當深層核心啟動之後,再加上表層核心,也就是軀幹周圍其他肌肉訓練,這樣內外兼顧的狀況,就完成一個理想和核心訓練。。

3D 擴張的呼吸訓練

1. 鱷魚式呼吸是選擇在趴姿或仰躺時,雙手放在起伏較小的區域,比如兩邊肋骨、下背部,或是腹部,給予 1~2 公斤的壓力。

2. 吸氣到該部位,感覺該部位的擴張。

3. 重複上述兩個步驟 10~15 次;直到沒有雙手輔助也可以做出三個維度的擴張呼吸。

3D 呼吸與髖關節運動

在深蹲姿勢下做到三個維度的呼吸擴張。當你學會在仰躺姿勢做到 3D 呼吸之後,再挑戰進階動作做到 3D 呼吸,以站立姿勢來說,深蹲是可以練習的基本型。

1.. 雙手平舉,雙腳與肩同寬。

2.. 想像屁股往後要做到一張椅子上的姿勢,感覺屁股的發力。

同時感覺 3D 呼吸。

3 　雙手交疊按壓在一個固定的物體上
　　（椅子、桌椅等）。

4 　在深蹲到最低的姿勢下，感覺 3D
　　呼吸三個維度的擴張。

讓子宮更穩定的
腹腔壓力穩定練習

除了呼吸練習之外，我們來看看孕期的另外一項重要訓練內容：腹腔壓力穩定練習。

讓我們先來說結論：當腹腔壓力太大或是不穩定時，子宮就會不安穩。

● ● ●

認識腹腔壓力

什麼是腹腔壓力？腹腔就像一個封閉的寶特瓶，臟器就是裝在瓶裡的雞蛋。當寶特瓶密閉時，外力想要把瓶裡的雞蛋捏破是非常不容易的；但是，當瓶蓋沒有蓋好時，要捏破雞蛋就會容易很多。

腹腔有兩個開口，一個在上方，就是食道的開口，這個開口的位置在橫膈肌上。而另一個在骨盆底肌群上方。腹腔就如同寶特瓶，有時蓋子有蓋好，有時沒有。

腹腔就像寶特瓶，若瓶裡裝了太多東西，雞蛋就可能受到壓迫。也就是腹腔裡太多東西，像是宿便，或是過於肥胖而在腹腔累積的內臟脂肪，都會造成子宮的壓迫。

另外，若有人不斷從外面壓迫寶特瓶，就像腰椎不斷做出各種擠壓的動作，也會造成腹腔壓力不穩定。這時如果瓶蓋是蓋好的，便不會對瓶內的雞蛋造成破壞。但是，如果瓶蓋沒有蓋好，雞蛋就有危險了！看到這，聰明的你應該很快就發現，能夠保護好雞蛋的瓶蓋很重要！確認瓶蓋蓋好，並且盡量減少外力對寶特瓶的擠壓。同樣的，將原理轉換到我們對身體的控制，**就是要讓橫膈與骨盆底肌群啟動，另外一個原則就是減少下肋骨與骨盆之間過多的動作**。

腹腔的兩個開口

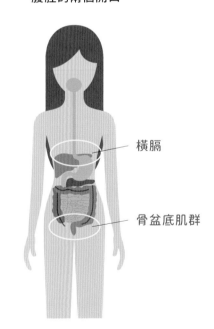

橫膈

骨盆底肌群

正確啟動橫膈肌與骨盆底肌

橫膈肌是人體最大的呼吸肌，正確的呼吸方法，可以讓橫膈良好收縮。而骨盆底肌的位置則是很特別，很多人第一次無法準確地感受到它。

橫膈肌與骨盆底肌就像寶特瓶的瓶口跟底部，腹橫肌與多裂肌就像瓶身最後形成我們腹腔這個封閉寶特瓶的。當橫膈肌、骨盆底肌、腹橫肌、多裂肌四塊肌肉合體時，就是我們常聽到的「深層核心肌群」。

如何同時啟動這四塊深層核心肌肉，讓四塊肌肉聽你招喚，像是啟動了無敵鐵金剛合體一般，形成堅固的腹腔壓力呢？

骨盆底肌群的下側觀

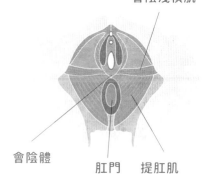

會陰淺橫肌

會陰體　　肛門　　提肛肌

方法一：

利用抗力球的回彈力，啟動骨盆底肌群

彈力球的回彈力，可以誘發骨盆底肌群適當的張力；因此不論是坐在抗力球上，或是四足跪地用臀部頂靠抗力球，都可以啟動骨盆底肌群。

方法二：

1″ 採坐姿，並試試看找到左右兩邊的坐骨，兩邊的坐骨加上前側恥骨聯合，以及後側的尾骨，這四個點連結起來就是骨盆底肌群的形狀。

想像上述的四個點互相靠近，感覺骨盆底肌群好像抽衛生紙一樣的被拉起。

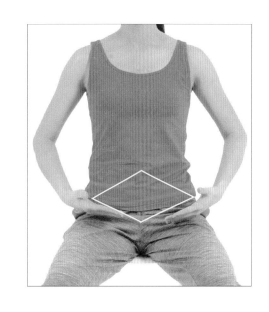

2″ 吸氣時放鬆。吸氣時（也就是骨盆底肌群放鬆時），雙手掌朝上，放在髂前上脊椎側，髂前上脊內側從軟變成硬，也就是像氣球一樣鼓起來。

髂前上脊

3″ 吐氣時，讓像是衛生紙一般的骨盆底肌群拉起。（骨盆底肌群收縮）雙手掌朝上，放在髂前上脊椎側的位置維持一樣鼓起來的感覺。

4″ 延續上述 2~3 步驟。

更多整合性
核心訓練變化

整合核心訓練的必備元素（呼吸、腹腔壓力穩定、骨盆底肌群啟動），接下來的段落我們來看看，如何建立在這些必備元素下，加入一些動作變化，結合妊娠中媽媽身體的變化，設計適合的活動。

7 大核心訓練動作

了解了呼吸的重要性、核心的位置後，我們一起來揭開核心訓練的神祕面紗！

本小節會教大家核心訓練的部分，但是，為了讓讀者在網路知識爆炸的時代，可以分辨什麼樣的運動是真正適合自己的核心訓練，我們更希望分享核心訓練的動作設計原則與動作本質，讓大家了解。

一般市面上很容易看到各式各樣的核心訓練動作與方式，例如皮拉提斯、瑜珈、TRX⋯⋯等，其實不論動作如何變化，核心訓練都不偏離幾個大重點：

 呼吸練習：下肋骨與骨盆之間的穩定性。

 腹腔壓力的穩定與深層核心的肌群啟動。

 不同高度、不同動作面向與肢體動作的變化。因應日常生活的需求，身體使用的豐富變化性，加強不同平面的阻力、活動，達到訓練的效果。

讓我們透過上述三大原則，示範七個核心訓練的動作。

1. 仰躺呼吸運動（此動作包含了上述的動作原則）：

1[¨] 採取仰臥姿勢，雙腳膝蓋彎曲，雙手向天空舉起。感
受肋骨與骨盆之間三個維度的擴張。

同時感覺兩邊髂前上脊內側腹腔維持擴張。

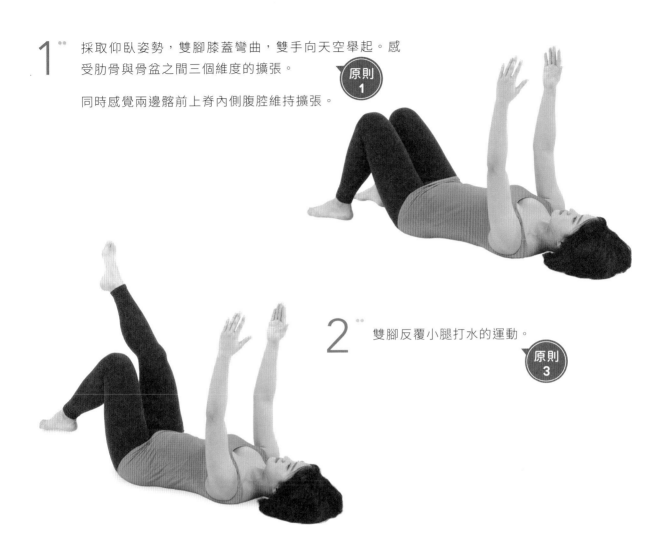

2[¨] 雙腳反覆小腿打水的運動。

3[¨] 將吸氣與吐氣的比例調整為 1:2，
例如 10 秒：20 秒。注意在吸吐的
過程中，維持 3D 呼吸的原則。

2. 仰躺到半起身變化

1 掌握動作 1 的動作要訣後，維持下肋骨與骨盆之間的
穩定。

單元二

孕期間 適合孕媽咪的運動選擇、不適緩解

2 向右側起身，將右手掌貼平在地板
上，手掌往地面發力，同時右腳延伸。

原則
3

3   側翻身,讓身體呈現半起身的姿勢,頸椎放鬆,感受腹腔壓
力的穩定與腹部肌肉的參與。

重複向左側、向右側的起身動作變化,一邊 6 次。

3. 分腿蹲核心訓練

單元二

孕期間 適合孕媽咪的運動選擇、不適緩解

1" 單腳膝蓋跪地,一腳朝前,維持縮足穩定。雙腳盡量靠近一直線的左右側,維持身體長高的感受。在此姿勢下找到原則一:下肋骨與骨盆在同一個平面的原則。

後側跪地腳承受重量,後側腳屁股會有用力參與的感覺。

原則 1

2" 將前腳離開地面一秒鐘,離地時身體不要產生晃動。過程中若是感覺快要失去平衡是非常好的,練習在晃動的過程中找到平衡的位置。

原則 3

3 雙腳動作互換，將後側腳指頭離開地面一秒鐘，
一樣盡量維持身體不晃動。

原則
3

4 最後，嘗試將前後腳一起離開
地面，同時維持身體不要晃動。
這個姿勢前後腳都必須參與用
力，剛開始離開一兩秒就可以
感受到用力，目標設定為可以
離開地面至少 3~6 秒。

原則
3

4. 分腿蹲的變化型

1˙˙ 雙腳跪姿，確認達到上述的軀幹穩定要求，再次確定
可以達到原則 1、2。

原則 1 ＋ 原則 2

2˙˙ 右腳向前採單腳跪定，過程中盡量不
產生身體的晃動。

3" 兩腳輪流交替，進行 6-8 次。

原則
3

5. 單腳站核心訓練

1″ 一腳腳趾頭朝向正前方或微微朝向內，感受足底三點支撐，
足弓撐起。另外一腳抬起，可以先放在椅子上支撐。

原則 3

三點支撐（請參考 P.86）

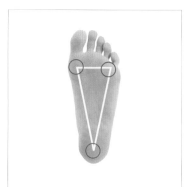

2　感覺身體長高，找到下肋骨與骨盆間的穩定性、腹腔壓力的穩定。此時將放在椅子上
支撐的腳抬起，變成單腳站立的姿勢。 此時可能會感覺晃動或是不穩定，可以用雙
手扶椅子些為輔助。當穩定姿勢後，雙手水平張開，維持手肘伸直，繞身體畫大圈。

試試看在身體兩側畫圈，再試試看再身體前後側畫圈，最後再嘗試雙手與地面平向
的方向畫大圈。

進行 6~8 次，直到感覺站力一腳的屁股有發力，屁股外側會有些微的酸脹感。

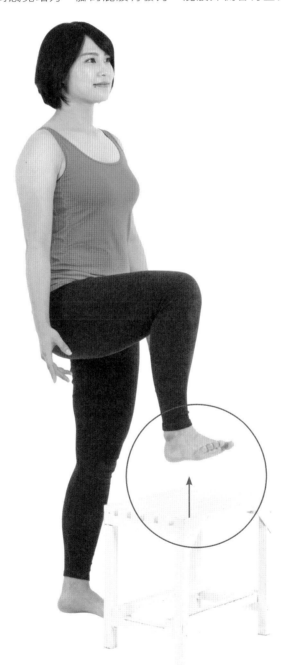

6. 雙腳站姿下的毛毛蟲運動變化

1 雙腳平行站姿,與髖關節同寬。雙手貼耳舉高。

2 維持上述步驟 1 的動作穩定,膝蓋彎曲,使雙手掌可以觸碰完全到地面。同時維持下肋骨與骨盆之間的穩定,腹腔壓力的穩定。

原則
3

3 雙手在地面上往前爬行,同時雙腳的腳跟不離開地面。直到身體與地面變成水平狀、腳掌與地面垂直。雙手食指頭朝像正前方,手肘的肘窩朝前。

4 往回爬到起始位置，練習兩次吸氣與吐氣，必須達到原則 2，吸氣與吐氣的時間為 1:2。

原則 3

5 再回到一開始的站立。

原則 1 ＋ 原則 2

7. 平板支撐下的變化

1 從上述毛毛蟲運動變化為平板支撐,再次確認原則 1、2,下肋骨與骨盆之間的穩定與腹腔壓力。

2 雙手輪流離地,挑戰支撐點變化時身體的穩定。

每個動作停留不超過 25 秒。

3 雙腳輪流離地,挑戰支撐點變化時身體的穩定。

每個動作停留不超過 25 秒。

8. 整合動作 1~7

1. 仰躺呼吸運動
2. 仰躺到半起身變化
3. 分腿蹲的核心訓練
4. 分腿蹲的變化型
5. 單腳站核心訓練
6. 雙腳站姿下的毛毛蟲運動變化
7. 平板支撐下的變化

當你可以掌握上述動作中的 3D 呼吸擴張、骨盆底肌群啟動、足底三點支撐,便可以試著把 1~7 個動作連續進行。每個動作中停留 1~2 個呼吸,每個動作做 3 次,整組完成大約 15~20 分鐘。把整套動作當作每天必須執行的小習慣,享受與自己身體相處的過程。

懷孕中後期的平衡能力

隨著孕期推進,懷孕中期的媽媽度子越來越來,身形也明顯改變,此時平衡能力比平常人下降,重心失衡易出現跌倒、滑倒等意外,所以了解為何平衡能力會改變,以及如何提升平衡能力的練習就變得相當重要,以免一不留神傷到自己和胎兒。

雖然懷孕中後期的媽媽還算是靈活,但根據研究統計,此時媽媽的平衡能力如同 70 歲的老年人!但是導致兩者平衡能力下降的原因,卻完全不同!老年人大部分是因為肌肉量流失,本體感覺下降等因素。那麼孕媽媽又是為什麼呢?

以下列舉三大因素:

第一

孕婦每天起床時,肚子裡都裝了一堆重量,但是這個重量每天都在增加!寶寶每天都在成長,因此孕媽媽的身體重心每天都在改變,都要重新感受一下新的身體如何使用。另一個數據顯示,這時期意外跌倒的孕媽媽比例佔 25%,代表四個孕媽媽就有一個在懷孕中後期跌倒!雖然這類跌倒並不一定會造成小產,但是可以在運動訓練中,重視平衡能力的訓練,特別教導孕媽媽在重心轉換時,如何掌握身體平衡。

第二

中後期孕媽媽的血液有 40% 都要供應胎兒,血容量增加,但是,並不會連同血液裡的紅血球一同增加。你可以想像一瓶柳橙汁,加上了半杯水被稀釋的程度。此時孕媽媽的血液就像被稀釋的柳橙汁,容易導致貧血,而貧血也是容易跌倒的因素。

第三

懷孕中後期孕媽媽的「骨盆位置」會產生明顯改變。這個骨盆前傾倒的狀況,其實會連動下肢產生改變,從大腿骨與小腿骨的內轉、足弓的塌陷,一直到大拇指的發力,都會受到影響,導致足部的穩定度下降。甚至有些媽媽會開始有足部疼痛、膝蓋疼痛的問題,這些也都是導致平衡能力下降的原因。

平衡能力的練習

平衡能力該如何訓練？許多中期媽媽因為身體的自身感覺良好，很快就會開始進行重量較高的阻力訓練，但其實光是肌肉的力量上升，並不等於平衡能力上升。孕媽媽的平衡能力下降，跟一般老年人、運動員的需求都不同，特別需要格外設計與教導。

在設計孕中的平衡能力運動，可以從下述的幾個面向切入：

本體感覺

「本體感覺」，指的就是在眼睛不看、視覺沒有回饋的狀況下，你是否可以知道自己的身體擺在什麼位置、正在做出什麼動作。 例如走在馬路上，地面突然不平整的時候，我們的眼睛看著前方的路，腳下的地板看不到，但是我們也可以馬上發現路面不平。

但是現代人穿著鞋子的時間很長，足部在皮膚上面的本體感覺常常被遮住，因此找回本體感覺的第一步，就是光腳！在下述所有的平衡訓練中，建議都光腳進行。

試看看，眼睛維持平視前方，你是否有辦法讓雙手的食指頭在頭頂互相碰到呢？必須一次到位的碰到喔！如果你發現雙手到了頭頂就迷路，表示兩隻手指頭的本體感覺還有進步空間喔！

底面積大小與身體的水平高度

假如雙腳站寬一點，就會比較容易平衡，相反的，如果雙腳站在一直線上，就會比較難平衡。為什麼走鋼索難度這麼高，就是因為接觸底面積非常小。而身體的水平位置改變時，也會挑戰我們的穩定能力，請參考下方動作。

1" 雙腳靠在一起站立，上身微傾，將其中一腳的腳跟慢慢離開地面，雙腳的膝蓋依然可以靠在一起。

2" 維持在這個單腳站的位置，嘗試將抬起的那腳完全離開地面。

此動作可以訓練到在不同平面下的單腳穩定，為訓練平衡能力的方法之一。

改變身體的重心位置

孕媽媽由於身體重心每天都在改變，建議在運動訓練時教導媽媽重心轉換的能力。例如，如何安全有效率地從地板上爬起來。下面介紹兩組訓練動作。一天可做 6-8 下。

● A 組

1″　坐在地板上，找到坐骨穩定的位置，並且維持頭、胸、骨盆的在一直線上。另外一腳掌踏地，軀幹盡量與地板維持垂直。

2″　從預備姿勢進入一腳盤腿，一腳踩地的姿勢；盤腿同側手支撐在身體側面，一樣要維持頭、胸、骨盆在一直線上。

3″　從基本動作進入到三點支撐的位置。利用跪地腳的髖關節穩定能力，身體的重心控制，建議一開始練習時在軟質的瑜珈墊上練習。

動作轉換時，屁股必須不撞擊到地面，動作越慢越好。

● B 組

1˝ 如 A 組動作，坐在地板上，找到坐骨
穩定的位置，維持頭、胸、骨盆的在一
直線上。

2˝ 如 A 組動作，從預備姿勢進入一腳
盤腿，一腳踩地的姿勢。

3˝ 從預備位置進入到三點支撐的位置。軀
幹必須要與地面平行。

4˝ 從三點支撐進階到分腿
蹲，此時將身體拉直，
使軀幹垂直地面。

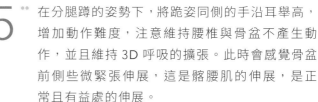

5˝ 在分腿蹲的姿勢下，將跪姿同側的手沿耳舉高，
增加動作難度，注意維持腰椎與骨盆不產生動
作，並且維持 3D 呼吸的擴張。此時會感覺骨盆
前側些微緊張伸展，這是髂腰肌的伸展，是正
常且有益處的伸展。

增加身體的張力

利用動作誘導媽媽的穩定肌群出力，例如雙手互推，或是透過雙手延伸增加張力，這是一個增加身體穩定性，減少平衡挑戰的方法，建議搭配前三個原則一起使用。

改變視覺與前庭覺

你有玩過「劈西瓜」的遊戲嗎？將你的頭貼著一個木桿，繞著木桿向左繞十圈、再向右繞十圈，然後閉著眼，走到距離你前方 10 公尺地西瓜前面，用剛剛的木桿把西瓜打破。

這個遊戲最好玩的地方就是繞完木桿後，頭昏腦脹完全站不起來的事主。為什麼繞著木竿，就會像酒醉一樣無法找到平衡呢？因為我們的大腦中有個部門叫做前庭系統，主要負責覺察身體是否與地面維持水平，若是你不斷左右晃動你的頭，就會覺得地板在晃，這時候其實地板穩得很，但是因為你大腦的前庭系統訊息混亂，才誤導你以為天玄地轉。我們在平衡訓練的時候也可以透過前庭系統的刺激，也就是改變頭的位置，左右旋轉來增加平衡能力的挑戰。

1¨ 可以選擇單腳站、分腿蹲、深蹲都可以。

2¨ 在上述的動作中加上頭往左側旋轉、右側旋轉的練習；注意剛開始慢慢旋轉，不要突然增加過大的前庭挑戰。

懷孕中期的媽媽除了進行上述運動外，這時期因為精神較好，可以接受的訓練強度也比較高，以自覺用力係數來說，孕媽媽此時可以進行 13~15 強度的運動，也就是中等強度以上的運動強度。

改善懷孕中後期不適

隨著懷孕週數增加，因為肚子變大，媽媽們也會遇到越來越多身體上的不適和困擾，進而影響到心情。

這些不適將伴隨媽媽們，直到寶寶出生的那一刻。有沒有辦法改善、緩解，或徹底趕走呢？

以下這一節，我們將利用一些媽媽們意想不到的簡單動作或運動，協助改善這些不舒服。

隨著姙娠週數增加，此時寶寶的腸胃道發育完成，進入迅速發展的階段！因此在中後期，媽媽的體重上升較快，也可能會覺得肚子更沉重、腰更酸，甚至大腿根部（鼠蹊部）的位置會有些疼痛……，這些現象都顯示，小寶寶再過不久就要出生啦！

到了懷孕後期，為了讓寶寶可以在媽媽肚子裡住得舒服，黃體素會藉由讓韌帶變得鬆弛，讓骨盆腔打開、增加腹腔的空間，這個動作不但可以讓寶寶住得舒適，還可以幫助寶寶的頭部下滑到正確位置，等待生產的到來。

上述這一系列的變化，有可能造成媽媽不舒服，像是：肚子撐大影響到媽媽的臟器，進而腸胃蠕動下降，造成脹氣或是便祕；同時肚子撐大、重量上升，媽媽的重心更往前移，造成腰部的不適；黃體素的作用也可能讓媽媽的恥骨聯合分離，造成大腿根部的不適。

此時我們也會遇到很重要的課題，像是：運動能幫助胎位矯正嗎？可以幫助生產嗎？能夠舒緩肌肉緊繃嗎？懷孕後期還可以運動嗎？……等，所以在這一章節中，會列出在孕期中的常見不適，並介紹簡單的伸展運動，可以舒緩在懷孕的緊繃與不適感。同時也會分享一些幫助生產，以及幫助胎位矯正的運動。

便祕

懷孕中後期的媽媽，常會有便祕的困擾。

便祕，是由於內臟受到賀爾蒙影響，變得更加鬆弛；同時，被寶寶撐大的子宮壓迫到腸道位置，而導致的。透過運動增加骨盆周圍的活動，可以緩解便祕。同時，也建議孕媽媽少量多餐，因為腸道空間變小，不適合一次突然大量吃下過多的纖維！

腸胃道的「運動」，是一種非自主式控制的活動，也就是說，無法靠大腦命令腸胃道蠕動。內臟就像很多濕滑的肥皂，漂浮在腹腔這個大桶子中，而每個內臟都由許多的韌帶懸吊住，我們雖然無法透過意識命令這些內臟改變動作，但可以透過改變承裝內臟的大水桶的動作和空間來緩解。

首先，最容易便祕的截斷，其實在左下方的乙狀結腸；所以透過按摩左下方的腹腔，特別是靠近骨盆的位置，可以增加腸道蠕動的可能性。

此外，消化道喜歡溫暖的環境（所以腹部才要累積脂肪保暖），因此透過熱敷，或是讓骨盆腔周圍血液循環增加的運動，都可以緩解便秘。

根據懷孕不同時期的需求、強度，骨盆周圍活動的方法不同。

例如，懷孕初期可以在側平板的姿勢下，做出骨盆上下移動的動作；中期可以在坐姿下練習爬行與坐姿轉換、後期可以做出蹲的動作……，適當使用這些動作，都可以讓宿便離開你的身體！

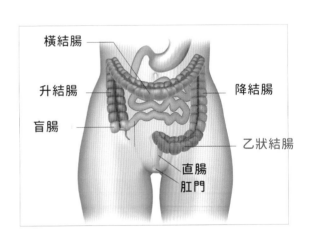

水腫

有兩個原因會造成在懷孕中期水腫，一個常見的原因是，媽媽站著時，寶寶的頭會頂到媽媽肚子後側腹腔的主要大血管，導致血液回流變差；另一個則是因為，相較於雙手，雙腳距離地面較近，地心引力會讓液體往地板的方向流動。也就是說，當身體下肢中的液體（淋巴液或是血液）想要往心臟回流時，因為要抵抗地心引力，所以比距離心臟較近的手臂更難回流。

建議可以執行幫浦運動，透過肌肉的型態改變創造壓力差，讓下肢血液順利回流。

幫浦運動

單元二

孕期間　適合孕媽咪的運動選擇、不適緩解

1¨　一次選擇一腳伸直，將腳板往上勾到最高，維持十秒。此時感覺小腿前側有些出力，後側有伸展感。

2¨　將腳板往下踩到最低，維持十秒，此時小腿前後側的感覺與步驟相反。

這是一個何時都能執行的運動，無論是長時間坐飛機、韌帶扭傷都可以，並不只侷限於孕婦。動作很簡單，但是每天必須執行 100 下才能有效果。建議孕媽媽清醒時，可以每小時做 10 下，也可以想到就做，以緩解孕期時的水腫。

坐骨神經痛

為什麼會坐骨神經痛？

坐骨神經痛的症狀不一定，有些人會痛在坐骨周圍（也就是屁股深處附近），有些人會有麻和酸脹感，從屁股一路往下到膝蓋後方，嚴重者甚至會到腳跟。這是因為在骨盆下方，有一條很大、很重要的神經被壓迫到。由於這條黃澄澄的神經長在坐骨旁邊，所以被稱坐骨神經。

為什麼懷孕中後期這條神經會被壓迫呢？因為中期時寶寶每天都在長大，媽媽的骨盆每天都被撐大，這個碗狀構造被迫越挖越深，導致兩邊坐骨的位置改變，間接讓連接在坐骨上面的肌肉張力改變，進而壓迫到旁邊的坐骨神經。

因此，如同上述的水腫一樣，這是因為媽媽的腹腔多了一個天天長大的寶寶，所以身體結構產生的因應策略，這時候練習腹腔壓力穩定能讓骨盆比較穩定，也可以透過骨盆帶穩定，減緩坐骨神經壓迫的問題。

但在整個孕期中，運動只能緩解症狀，要根治這問題，要回到產後核心足部到骨盆的穩定性才行。下方提供幾個在妊娠中，緩解坐骨神經痛的方法。

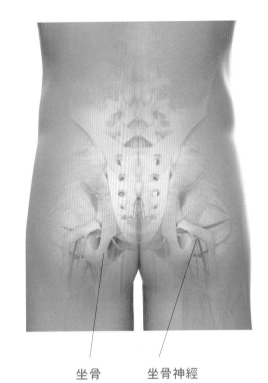

坐骨　　　坐骨神經

放鬆梨狀肌與闊筋膜張肌

再強調一次，由於此階段的疼痛，很多是韌帶和骨盆型態改變造成的，這裡教導的肌肉放鬆，只能暫時緩解，並非完全解決問題。放鬆的方法如：熱敷、筋膜按壓放鬆。

右方示範的圖示為筋膜按摩放鬆的方法。

先找到屁股下方硬硬的圓凸點（坐骨），將球放在凸點內側，用身體的重量坐上去，利用重量給予壓力，感覺 4~6 分的痛感，停留兩個呼吸。

啟動髖關節深層穩定肌群

在屁股髖關節深層有六塊小肌肉，骨盆周圍不舒服時，是可以快速啟動緩解疼痛的好入口。

啟動這些肌肉的方法很簡單，讓髖關節做出**「往外轉方向的用力，但是不產生動作」**的收縮，也就是會有出力的感覺，但是力量又沒有大到真正產生動作。這樣的收縮型態，我們稱為等長收縮，過程中並不會感覺非常用力。

1. 採平躺姿勢（背部有支撐，雙腳膝蓋伸直的姿勢下）預備，雙腳腳趾頭朝向天花板。

2. 運動目標的那隻腳，腳趾頭往側面轉動用力，但是並沒有真的做出動作。（可以從側面給予一個阻力，例如靠在牆邊，或請夥伴協助。）

   感覺腳掌用力推牆，但是不會真的產生動作。每次用力停留兩個呼吸，雙腳反覆六次。

啟動腹腔壓力穩定

既然骨頭韌帶的架構被拉扯、不穩定，而壓迫到神經等組織，那就透過正確的肌肉用力，讓結構相對穩定。

在妊娠中不建議做出用力收腹的動作，因為收腹可能會壓迫到腹腔，造成胎兒還有腹腔血管的壓力。因此透過本書中強調的，從呼吸開始維持擴張的感覺，特別在骨盆前側，不論吸氣、吐氣都維持這種擴張感，創造腹腔的穩定，這樣的方法同樣可以誘發骨盆底肌群穩定，間接創造骨盆的穩定。

● ● ●
抽筋

有些懷孕初期肚子的肌肉抽痛，並不是抽筋。而是骨盆前側的圓韌帶被拉扯所造成的。另外，懷孕中期胸腔下方的肌肉抽痛，常是因為寶寶越來越大，壓迫到橫膈所造成的，也不是真正的抽筋。

到底孕期中真正的肌肉抽筋，指的是什麼呢？

許多媽媽在中後期，常有小腿沒來由劇烈收縮的情況，打擾睡眠、造成疼痛。這種「主動肌不自主的劇烈收縮」就是真正的抽筋。

簡單說起來，你的肌肉接受到錯誤訊息，於是整隻腳進入備戰，呈現僵直，也就是周圍肌肉用力收縮保護關節而導致的。

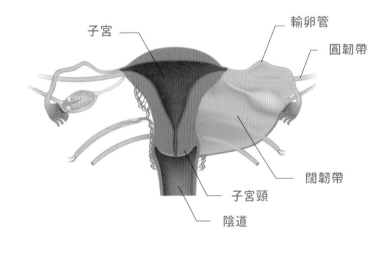

為什麼身體會有錯誤訊息呢？因為我們透過血液中的離子為郵差，傳遞訊息讓肌肉收縮，或放鬆。這些血液中的離子小郵差，透過飲食進入身體，但是在懷孕時，因為身體的營養跟血液都發生改變，所以就要從血液組成去處理問題，透過飲食跟消化，改變血液成分。

有一篇研究，特別針對維他命 B、C、鎂、鈣等口服營養素給孕媽媽做實驗，看看是否可以透過營養素的補充，減緩媽媽的抽筋現象。可惜懷孕過程中的抽筋現象太難偵測，以至於科學依據依然不明。連直接改變身體的營養來緩解抽筋，都是一個未知的方法。由此可以想見，究竟運動、伸展、熱敷小腿肚等方法，是否可以減少懷孕過程中抽筋的狀況？在醫學上仍然是個謎！但在**孕媽媽半夜抽筋時，運動、伸展、熱敷小腿肚等增加循環的方式，絕對是可以用來緩解疼痛的小方法，這點是無庸置疑的。**

緩解抽筋的伸展方法

1 採坐姿，使用一條毛巾套住腳板。將腳
　板往靠近心臟的方向進行延展。

2 維持兩個呼吸的伸展，然後放鬆。反
　覆上述的伸展方法來回 6 次。

● ● ●

肚子越大，睡覺越不舒服該怎麼辦？

相信很多媽媽到了妊娠後期，頂著一個大肚子，都不知道該怎麼樣睡比較好？有人說一定要側左邊睡、也有人說正躺比較好，究竟哪種方式好？其實針對睡姿也有許多研究，但畢竟當我們睡著後，身體翻來覆去是沒有辦法控制的，比較確定的只有一開始的睡覺姿勢。

理論上，當妊娠進入後期，子宮撐得越來越大，這時身體裡的結構會傾向向右旋轉，假設某個方向旋轉過多，可能會壓迫到子宮周圍的組織，尤其是腹主動脈或是下腔靜脈，進而影響血液的供應，因此有很多人會說：「應該要向左側睡才正確」。

不過每個人的身體情況都不一樣，一定要向左睡才安全嗎？有一則最新的研究中，將一開始入睡採向左

側睡姿式，與入睡時採正躺姿勢，兩者寶寶胎死腹中的風險做了對比。（但要注意的是，這篇研究只比較了前一天的睡姿、以及入睡時的姿勢，並沒有分析狀況發生前一段時間的睡姿，以及睡著後身體翻動的姿勢，畢竟這些變數真是太大了，也並沒有分析右側睡，或其他睡姿的影響。）

最後研究結果顯示，一開始仰躺睡覺的媽媽，比向左側睡的媽媽，胎死腹中的機率增加了 2.3 倍——但由於無法確切證實因果關係，研究最後也提到，胎死腹中的案例只有 3.7% 是跟睡姿有關的，同時這個研究的樣本數也還不夠多。

以上資訊，我們可以採取適當參考——**入睡時向左側睡**，但假如向左側睡很不舒服，或是睡眠品質不好，其實也沒有關係，畢竟睡眠品質太差也有可能會影響寶寶。總歸一句話：選擇較舒服的睡姿，讓自己安穩入睡，因為睡眠真的很重要啊！

●●●

幫助寶寶來到較好的生產位置

在自然產時，寶寶的頭會滑出產道，此時便希望骨盆可以開到最開、創造最有利於寶寶下降的角度；同時也需要骨盆底肌適當放鬆，才能讓寶寶順利出生（由於產道會穿過骨盆底肌，假設骨盆底肌過度緊繃，便有可能讓產道無法適當擴張）。

基於以上兩點，我們可以在懷孕後期加入骨盆底肌的訓練，找回對骨盆底肌的控制，以及幫助骨盆打開，便有可能幫助後續生產。

懷孕後期，因為寶寶長大，相對肚子裡的空間也會比較小，這時胎動的頻率可能會下降（尤其到了後期晚期，也就是生產前會更明顯）。此時，可以藉由**恥骨聯合的分離，幫助骨盆腔空間變大**，而我們可以做的就是平常最熟悉的動作——蹲。

蹲的時候可以幫助骨盆底肌放鬆，**有助於增加血液供給，同時也可以打開骨盆腔，創造更多空間，並改善便祕的問題！蹲，同時也是最好的生產姿勢，幫助寶寶的頭往下下降到適當位置，骨盆腔打開也可以幫助生產**，可以說是一蹲數得啊！

在介紹蹲的動作之前，要再提一個重要的關節——髖關節。髖關節跟骨盆相連，因此兩者之間的動作，很多時候會互相影響。為什麼髖關節這麼重要？假設今天，你想把骨盆腔再打開一些，但是髖關節附近卻非常緊繃，這時或許會限制骨盆的動作，沒辦法有效率的幫助骨盆打開！所以適當幫助髖關節附近的肌肉啟動、適當鬆開髖關節附近較緊繃的位置，讓骨盆可以有效率的開啟，是一件很重要的事情！

蹲姿

蹲，是一個複合式的運動，這個動作不但需要髖、膝、踝的足夠活動度以及控制，同時也會需要上半身的穩定控制，可以說是需要全方位注意的一個動作。假設之前沒有做過相關運動，建議一開始執行時，可以先選擇輔助下蹲、有扶手再往下蹲，相對比較安全。假設還是會擔心，建議可以先找專業人士評估指導。

直接下蹲

1″ 雙腳站立比肩寬一些，腳尖微微向外，雙手朝前平舉幫助平衡。

2″ 吸口氣預備，吐氣下蹲，在最低點時（個人可以控制的最低點，不一定要完全蹲到最低），再吸一口氣，吐氣再上來。

執行時可以用較慢的速度，不需要快速做好幾下。慢速可以以幫助你控制、感受骨盆打開的感覺，這是一個很舒服的動作！

假設你已經抓到這個動作的控制方法，可以加入一些呼吸與骨盆底肌的控制：在最低點吸氣時，感受骨盆底肌的放鬆（在蹲姿下應該更好察覺）、吐氣起立時，可以搭配骨盆底肌的收縮，可以更輕鬆地站起。

輔助下蹲

1 " 動作跟上一個類似，只是再加上手扶物體的動作。可以找
一張高度適當的沙發或椅子（椅子不能太容易被扳倒），
都可以讓蹲的動作更好執行。

2 " 吸口氣預備，吐氣下蹲，在最低點（個人可以控制的最低點，不一定要完全蹲到最
低），再吸一口氣，吐氣再上來。

同樣，動作執行幾次後，便可以加上呼吸與骨盆底肌的控制，讓動作更優化！

寬底面下蹲

1 熟悉前面的蹲姿後，可以將雙腳再稍微往外打開一個腳的距離（以自己可以控制的範圍為主）。

2 腳尖朝外慢慢下蹲。這時髖關節的角度變得更大，更可以有效地打開骨盆的寬度。

假設執行動作時，下蹲有點不穩，或是沒有安全感，可以在地上放個瑜伽磚或是小凳子，下蹲到最低點時有個支撐。蹲到最低時，記得吸氣可以讓身體盡量往上延伸，有點像身體長高的感覺，可以達到更好的放鬆效果。

鴨子走路

1 熟悉蹲的動作後，可以在最低點的蹲姿下，將重心放在身體的其中一側。

2 像鴨子一樣，邁開一腳，蹲姿向前行走。

3 這個動作更可以幫助骨盆的開啟，同時也會活動到兩側的髖關節。只是要注意此為動態運動，建議先熟悉蹲姿的控制後，再來執行。根據媽媽的體態，可以來回走 5-20 公尺。

很多媽媽因為還需要工作的關係（可能在妊娠初、中，甚至後期還有在工作），需要長時間久坐，造成髖關節的活動度受限，所以想讓蹲的動作變得更好，髖關節的控制及活動度非常重要。

高跪姿向後坐

1˙˙ 雙腳屈膝跪著，採高跪姿。

2˙˙ 屁股往後坐到腳跟上，再慢慢的回到起始位置。

同樣可以配合呼吸，吸氣預備，吐氣時往後坐到腳跟、吸氣停留一下，吐氣再回到起始位置。

在舒服的狀態下，可多做。

四足跪姿向後坐

1 雙手跟雙膝都在地板上支撐身體的重量，此時由於肚子重量朝向地板，需要比較多腹部的
控制，記得不要太用力縮緊肚子，只要肚子微收，不讓腰部向前傾就可以了。

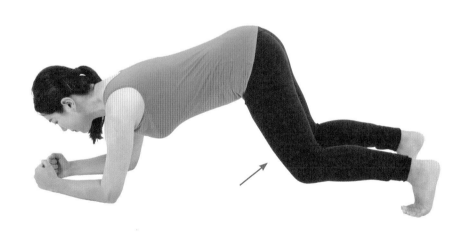

2 雙手放在雙肩的下方、雙膝在髖關節下方，肚子微收，膝蓋微微離地，慢慢將屁股往
腳跟方向坐下（不需要完全坐下喔！只要大約往後移動到自己可以支撐控制的位置）。

膝蓋離地後，停留 1-2 個呼吸。

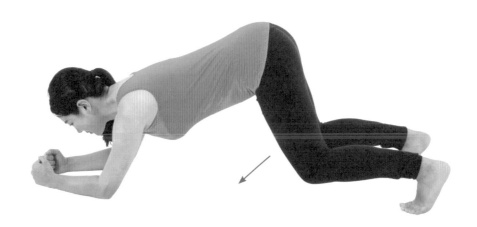

3　再往前回來。

4　膝蓋回到地上，姿勢回到起始位置。

同樣可以配合呼吸，吸氣預備，吐氣時往後移動、停留一個吸氣的時間，吐氣時再回到起始位置。

膝蓋離地後，停留 1-2 個呼吸，反覆進行 3-5 次。

彈力帶輔助控制

1   媽媽將身體向前趴、雙手肘支撐在地板上。夥伴將彈力帶繞過媽媽兩側髖關節的前
    方後,彈力帶向後拉,同時媽媽維持髖關節位置。此時媽媽需稍微出力抵抗,持續
    約 6-10 秒,再放鬆休息一下。

這也是一個肚子重量朝下的運動,執行時注意肚子需要輕微收縮,夥伴在給予拉力時要適當控制,不要
太過用力。同樣可以配合呼吸執行,吸氣預備,吐氣時抵抗向後拉的阻力、阻力鬆開後可以先休息 1~2
個呼吸,再繼續執行。

膝蓋離地後,停留 1-2 個呼吸,反覆進行 3-5 次。

高臀式四足爬行

1 維持一個高臀式的四足跪姿,同時需要肚子輕微收縮。

2 向前爬行到平板支撐的位置,就可以再往回爬到起始位置。反覆 6-8 次。

這個動作可以說是彈力帶輔助控制的進階版,由於需要身體較多的穩定控制(還需要肩膀的支撐力),所以建議能有把握執行前面的動作後,再來進行。

伸展運動

此處的伸展運動，主要以坐姿為主，可以選擇靠著牆壁，或是藉由彈力球支撐身體（注意平衡）。一次的伸展時間可以維持 10-15 秒，也可以配合呼吸伸展。吸口氣準備、吐氣時伸展，吸氣再慢慢回來。

雙腳向外張開，伸展股內側肌肉

1 慢慢將雙腳向外打開，寬度以媽媽可以接受的程度為主。

2 讓身體向前傾做雙側伸展，也可以向左右兩邊伸展。並且將旋轉的對側足部外轉。

以圖片中的箭頭為範例，伸展到左側大腿內收肌群。

這個動作可以牽拉到股內側肌，也可以拉到腳後側的肌肉，最重要的是，這個動作可以幫助增加髖關節的活動度，一舉數得。

雙膝下壓

1 採坐姿，慢慢將膝蓋往兩邊打開，同時讓雙腳腳掌靠在一起。膝蓋打開的程度，以媽媽可以接受的程度為主。

2 配合身體的前傾做股內側肌肉的牽拉，同時這個動作也是可以增加髖關節活動度的。反覆 6-8 次。

放鬆腰方肌

1″ 採舒服坐姿，將雙手往後插腰，大姆指向後，讓兩邊大拇指往身體戳，便可以直接按到我們的腰方肌。一樣可以在吐氣時按壓，持續 5-10 秒。

腰方肌是容易緊繃，同時造成腰痛的罪魁禍首之一，適當的放鬆可以讓腰變得更舒服。

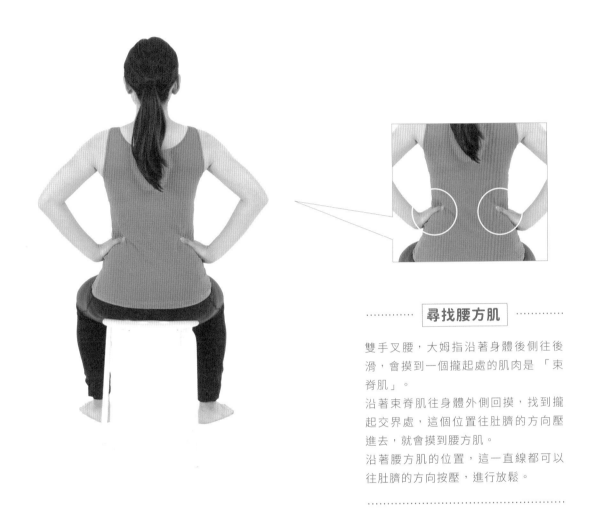

尋找腰方肌

雙手叉腰，大姆指沿著身體後側往後滑，會摸到一個攏起處的肌肉是「束脊肌」。

沿著束脊肌往身體外側回摸，找到攏起交界處，這個位置往肚臍的方向壓進去，就會摸到腰方肌。

沿著腰方肌的位置，這一直線都可以往肚臍的方向按壓，進行放鬆。

以上所有動作是在妊娠後期，很重要也很推薦的運動。運動強度的選擇，希望在自覺用力係數約 11~15，但確切強度可能會根據媽媽的情況而有所不同，介於初期及中期的運動強度之間。

不過由於每個人的狀況不同，記得也要根據自己的情況做適當的調整，或是可以尋求專業的幫助，可以更妥善的規劃屬於自己的運動課表喔！

俗話說，生產像是女人的第二次投胎。

曾經有一位客戶，從小姐時期就不斷因為膝蓋疼痛的問題來上課，這個問題到了懷孕期間更加嚴重，但是她把握產後黃金六個月的正確恢復，現在再也沒有膝蓋痛的問題了！

其實你的身體是很好相處的，它像是一個坦誠的好朋友，不斷透露訊息給你，讓你掌握舒適的祕訣。本章節主題雖然是「產後體態大翻盤」，但事實上，當你掌握所有產後應該要有的骨頭架構排列，正確肌肉啟動，好的身材只是順便而已。希望各位在閱讀的時候，一步一步跟著書中的各種體驗、小知識，找回身體的自主權。

重新建立小蠻腰

其實你的腰身一直都沒有離開你。

身體就像一塊畫布,每當我們使用身體時,就會留下各種痕跡。產後的媽媽雖然已經卸貨,此時不再需要每天頂著重達 3 公斤的鐵球,但是身體卻已經習慣有鐵球陪伴的日子,因此許多媽媽產後還是維持著懷孕時的姿勢:骨盆的重心保留在身體前側,上背部為了回應骨盆位置的改變,胸椎向後凹陷;而頭部為了平衡胸椎所以前移。

這個體態剛好跟我們認為理想中「前凸後翹」的體態相反!也會造成許多產後媽媽身體上的不適,該如何改善呢?

除了「凹凸不平」的身形之外,產後還得背負育兒壓力的媽媽們,由於睡眠不足,以及餵奶、抱小孩……等各種需求,使得上手臂肌肉過度緊張,肩胛骨內側肌群無力,此時媽媽們的肩胛骨就像是樹根、小手臂像是樹枝:一棵樹上掛著一天比一天長大的小寶寶,但是樹根不穩。這就是產後媽媽普遍的身體圖像。

除此之外,為了要讓寶寶順利從產道出來,媽媽的腹部肌肉會經歷非常大的拉扯。研究顯示,**每一位媽媽在懷孕的最後時期,腹部前側的腹直肌會直接被撕成兩半,出現「腹直肌分離」的症狀。**

而骨盆這個大碗也未被撐破,直接從骨盆這個結構最脆弱的前側部位裂開,出現「恥骨聯合分離」的症狀。接下來,我們就會從這兩類常見的產後肌肉骨頭拉扯,說明產後體態的修復。

● ● ●

認識腹直肌分離

為什麼認識腹直肌分離這麼重要呢?

因為當這塊肌肉被撕開時,肌肉的位置也會發生改變。許多懷孕後期的媽媽,會發現肚子前有一條黑色

的線，這就是腹直肌分離造成的。這個改變會導致腹部看起來較胖，而且還可能左右兩側胖起來的形狀不一樣，形成所有女性最討厭的游泳圈。

在腹直肌被撕成兩塊，往左右兩邊擠出去時，會讓腹直肌旁邊所有的肌肉遠離肚臍的方向擠出去，這時若是做出仰臥起坐、轉體等常見的軀幹練習動作，反而會導致腹直肌往左右兩側擠！不只導致腹直肌這塊肌肉更難收縮，也會讓體型不好看，也就是讓產後媽媽背負著核心無力、體態失調的罪名。

其實，腹直肌本來就是由兩塊肌肉組成，分為左邊腹直肌，及右邊的腹直肌。兩塊腹直肌中間有一條拉鍊，把兩邊連接起來，這條拉鍊是由很厚的筋膜組成的，解剖上稱為「白線」。如同被放了太多東西，而撐炸的化妝包一樣，懷孕後期，腹腔裡的寶寶越來越大，就會讓中間這條拉鍊被撐開。現在小寶寶已經卸貨，我們只要把這條拉鍊重新拉上，就可以讓分離的腹直肌恢復，這樣一來，軀幹的核心肌力可以恢復，媽媽的腰部曲線也可以更好看。

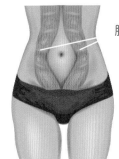
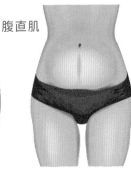

腹直肌

腹直肌

孕前
妊娠中期些微分離

孕後
妊娠後期，肚臍上下明顯分離分離

腹直肌分離矯正：

矯正腹直肌分離，原理跟把拉鏈拉起來一樣。透過啟動腹直肌周圍的「腹內外斜肌」，讓腹直肌回到正位。

1
仰躺姿勢下，雙腳彎曲，確定下肋骨與骨盆從側面看起來在同一個平面。

正確呼吸，吸氣到肋骨後方，這時放在髂骨上的手，會感覺圓圓的髂骨往頭的方向些微滾動。兩邊的髂前上脊往肚擠靠近，這時會啟動腹內外斜肌，把腹直肌推回到正確的位置，藉此矯正腹直肌分離。

腹直肌分離要多久才能恢復呢？若是產後半年內進行腹直肌分離的矯正，一天反覆 5~10 次就可以看到明顯的效果。但若是產後好幾年，有可能腹直肌已經習慣呆在錯誤的位置，就必須要更長時間的矯正。

曾經有一個客戶產後 20 年來進行腹直肌分離的矯正，由於產後時間相當久遠，因此腹直肌與內外斜肌之間已經產生沾黏，最後花了兩個月才將這層沾黏按摩開，成功矯正腹直肌分離呢！

腹直肌與內外斜肌沾黏的按摩：

1　找到肚臍外三到四指橫幅的位置，這個地方在肚皮表層通常有些微的凹陷，此處是腹直肌與內外斜肌交界處。

使用按摩球按壓。

2　在此處用按摩球按壓，並且扭轉按摩球，進行橫向按摩，按摩的力道要讓酸痛感維持在舒服疼痛的程度，一直按摩到此處不再有酸痛感。可以達到滑動皮下沾黏的效果。

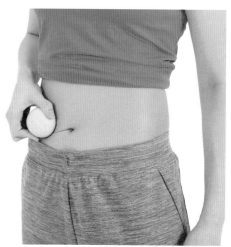

恥骨聯合分離

女生的骨盆，這個像碗狀的骨頭，原本只需要承裝自己的內臟與生殖器官，但是懷孕時，卻突然要裝下跟自己腹腔一樣大的寶寶。同樣一個碗，要裝兩倍的內容，於是身體想到一個把碗變大的方法，就是把碗撐破！

碗狀骨盆前側有個較不穩定的地方，叫做「恥骨聯合」。這個地方被設計得這麼脆弱，就是為了在生命入住時，可以把骨盆撐破，而不會因為媽媽骨盆太小壓迫到寶寶生長（骨盆太小，或是恥骨聯合沒有在適當的時候分離，是後期難產的原因之一）。撐破聽起來是個很好笑的方法，不過我們的身體其實非常厲害，一半的媽媽在骨盆被撐破後會自己癒合，但若是癒合不穩定，就會產生骨盆前側的恥骨疼痛。這個疼痛可能會影響產後媽媽的生活、運動。

因為恥骨聯合的分離拉扯，會導致骨盆整體受力不再平均，因此，任何單腳站的動作，都會導致恥骨聯合更加不穩定。在確定恥骨聯合完全癒合前，禁止一切單腳站的動作。建議在產後可以使用彈力帶增加骨盆周圍的穩定性，從雙腳臀橋、雙膝跪姿等簡單的雙腳承重動作開始練習。

恥骨聯合分離矯正運動：

● 初階

1　雙腳完全併攏，屈膝。在骨盆、大腿（近膝蓋）處，分別用一條彈力帶綁起固定，給予骨盆穩定支持。吸氣。

2　吐氣時將臀部抬離地面。吸氣時再回到地面。注意動作時必須使用臀部的力量，手不出力。

● 中階

1 在雙腳完全併攏的姿勢下,在骨盆處用一條彈力帶綁起固定,給予骨盆穩定支持。雙腿中間夾一個小枕頭。

2 吐氣時將臀部抬離地面。吸氣時再回到地面。注意動作時必須使用臀部的力量,手不出力。

● 進階

1 在雙腳完全併攏的姿勢下,在骨盆處用一條彈力帶綁起固定。接著,雙腳張開,腳趾頭朝向斜外 45 度。

2 吐氣,將臀部抬起。吸氣再回到地面。

上述動作為循序漸進的運動指導,過程中不可有任何疼痛發生,若發生疼痛,則退階進行。每次進行 8~12 下;每天進行 6~25 組。如果上述三種練習都不會造成恥骨疼痛,就可以嘗試進階的臀部收縮練習,例如硬舉、深蹲。

在確定恥骨聯合完全癒合之後,可以開始嘗試下一段落的「縮足運動」,建立足部與軀幹核心的穩定性,建立恥骨聯合處真正的穩定。

拯救產後下背痛

根據研究統計，有高達 67% 的媽媽，會在產後出現下背疼痛的問題；也就是說在三個產後的媽媽中，就有兩個有下背痛的困擾。而產後媽媽的體態不良，就是導致下背疼痛最主要的原因。

所以調整媽媽們的不良體態，就是拯救下背痛的首要方法。因此，這一節的第一步，就是讓我們一起來看看產後媽媽的身體，從頭到腳究竟是什麼樣子？

除了前文提到的骨盆前倒、胸椎後凹之外，我們可以看到媽媽們的膝蓋以及腳踝也受到了限制，因此有些媽媽會抱怨膝蓋以及足部外側疼痛的狀況。接下來教導的運動，將會從腳到頭一併糾正與訓練。

普遍媽媽的孕後體態

- 頭部前引（拮抗胸椎、肩頸代償呼吸）

- 後凸的胸椎（因乳房擴大、抵抗骨盆前傾）

- 骨盆前傾倒（孕期身體留下的記憶）

- 過度伸直的膝蓋、脛骨內轉

- 背屈不足的腳踝、足弓塌陷、拇趾外翻

首先，我們會從體態調整開始，體態調整分成三個部分，也就是三個簡單易懂的步驟：

1. 按摩伸展緊張。

2. 重新塑造身體的記憶。

3. 強化體態肌力訓練。

● ● ●

足部放鬆技巧

媽媽從腳跟、膝蓋、骨盆、胸椎、頸椎，身體的這五個部分，都需要依照這三個步驟進行溫柔有秩序地調整，讓我們從足部開始吧！

產後常見錯誤的足部型態包括：腳踝緊張、背屈活動度不足、足弓塌陷、拇指外翻。

聽起來好像挺悲慘，但是還記得我們提過 「身體就像是一張畫布」嗎？這張畫布可以加上新的色彩，也可以將不想要的記憶進行修改。

建議開始執行本節運動的朋友，一定要看過足部放鬆技巧中提到的三個足部放鬆點（ p.86 ），先幫你的腳丫放鬆過度緊繃的肌肉，才可以開始矯正。而當足部能做出理想的動作，就可以讓下背痛遠離你了！

● ● ●

身體記憶重置步驟一

伸展放鬆足部與下背肌肉

足部有幾塊按摩起來 CP 質非常高的小肌肉，分別是：脛骨後肌、脛骨前肌、腓骨長肌。

每塊肌肉都各自在足部扮演穩定的重要腳色，但現在是讓它們下班的時候了。我們將足部擺在放鬆的位置，利用小工具按摩球，幫助這些小肌肉放鬆。

按摩腓骨長肌與脛骨後肌

1　採坐姿或趴姿，將毛巾墊高在按摩處下方。藉著小球固定脛骨外側（腓骨長肌），或是按摩內
側（脛骨後肌）。

脛骨長肌按摩

脛骨後肌按摩

2　使用小球按壓，並且來回滾刷酸痛處，
可以搭配腳背擺動，輔助肌肉延長。

按摩脛骨前肌

1　採跪姿，將毛巾墊高在小腿下方。藉著小球固定
脛骨前肌，並且跪著的膝蓋往天花板方向延伸。
維持這個伸展的感覺，停留在有些微緊張感的位
置，時間維持兩到三個呼吸。

矯正運動重塑身體的記憶

完成第一個步驟之後,接著就要找回足部的正確使用方法。我們必須要教導腳丫適當發力,為身體建立一個穩定的根基,同時形塑出美麗的腳型。

不可不知的神奇腳底板

在愛上自己的腳丫之前,我們來看一下人類的腳和其他動物的相似之處。首先,從腳底板開始。你會發現這是一個凹凸不平的表面。這些凸起來,特別厚的地方,俗稱為腳底的肉墊。

肉墊的主要功能是用來感受地面的回饋、感受地面的材質、當腳底接觸地面時,雷電一般的神經訊息會傳遞到大腦,大腦會傳遞訊息告知腿部,應該要用多少的力量來走路、跳躍。

我們的腳底板有三塊重要的肉墊(穩定點),分別在大拇指下方、小拇指下方,以及腳跟。三個地方連起來形成一個三角形,在足部 3D 的呈現就會變成一個類似傘狀的構造。我們可以廣義稱呼這個構造為「足弓」。

許多懷孕後期的媽媽,會發現自己的足弓不知道為何消失了。甚至很多媽媽產後會懷疑自己是否天生扁平足?實際上,這都是因為沒有讓腳底三個肉墊正確出力所導致的。腳底三個肉墊適當發力,才能找回足弓以及跟核心肌群的連動。

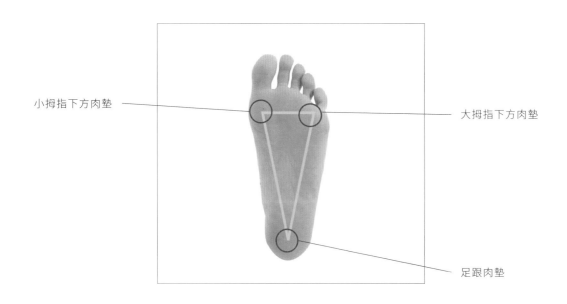

小拇指下方肉墊　　　　　　　　　　　　　　　　　　大拇指下方肉墊

足跟肉墊

從足部建立核心穩定運動

「為什麼肚子周圍的核心肌群，會跟腳丫有關係呢？」想必很多人會提出這樣的疑問，我們可以從兩個面向來回答。

第一

上樑不正，下樑歪。我們身而為人，無時無刻都在抵抗地心引力，身體就像一棟高樓，地基是很重要的；身體也像是疊疊樂，當下方積木一開始蓋時就是歪的，堆疊在上方的積木也很難跟著擺正。

第二

當我們在討論核心肌群的發力時，必須先認識包覆在肌肉表層的筋膜組織。

什麼是筋膜？想像一顆柚子，柚子皮就像我們的皮膚，當把柚子皮撥開，就會看到一顆白色球狀的柚子。是誰讓散落一小片一小片的柚子肉呈現球狀呢？是包覆在柚子肉外面一層一層的白色薄膜！當你把這層白色薄膜剝開，柚子肉就會呈現一小片一小片散落的樣貌。

我們的肌肉組織就像柚子肉，筋膜組織就是外層包覆的構造。筋膜形塑了肌肉的形狀，當然也會影響肌肉的使用發力。但，這跟我們的軀幹穩定和下背痛有什麼關係呢？舉例來說，很多人會抱怨為什麼大腿的形狀不理想，這些其實都跟型塑肌肉的筋膜是否有沾黏，是否產生正確的滑動有關喔！

筋膜的主要功能是形塑肌肉的形狀，除此之外，筋膜之間也像是綿延不絕的軌道，環環相扣。一本轟動全球的書籍《解剖列車 （Anatomy Train）》書中提到腳底如何連接到軀幹深層，當我們可以正確地在身體感受到這條筋膜鏈，就可以透過腳丫子找回健康的脊椎。

預備好了嗎？我們要一起從腳丫子開始尋找深層核心囉！

腳底板發力

在運動過程中，都必須確保這腳底的三個穩定點都固定在地上，因為這三個穩定點與骨盆的穩定相連，當腳底三個點穩定時，才能有一個穩定的骨盆。

找到足底三個穩定後，搭配感覺足弓拉起，膝蓋對準二三腳趾頭之間，讓屁股參與進來，這時你會發現足部的型態更漂亮，而且站立的更穩定。腳好像在地上扎根了一樣！

這個運動又稱為「縮足運動」，目的是透過足部的穩定，重新找回骨盆的位置。

● 初階

1 坐在椅子上，把腳板平放在地板上，先感覺足部的重心是偏向小拇指側，還是大拇指？是比較偏向腳指頭？還是偏向腳跟？

2 把足部重心全部壓在大拇趾上，但是腳跟不離地。這時小拇趾可能會些微離地，這樣做時，足弓會變得比較低，膝蓋也會不自覺彼此靠近（這種膝蓋靠近的動作，俗稱膝蓋內扣）。

3″ 接下來，把重心放在小拇指側，一樣維持腳跟不離地。這時大拇趾可能會些微離地。這樣做時，會發現足弓變得比較高，而且膝蓋會想要往外移動。

試著在膝蓋不產生動作的狀況下，做出把腳板重心在大拇指側，以及小拇指側來回移動的練習。這個動作需要專心，甚至需要一點意志力，才有辦法完成細微的肌肉控制。但是當你做到時，你會發現你可以自由控制足弓往上拉起，以及足弓往下塌陷。足弓突然變成一個很聽話的乖寶寶。此時，你正在啟動足部的脛骨後肌，因此可能會感覺腳底以及小腿內側，有些微酸酸的感覺。

提醒一下，這部分的練習你可能很快就可以掌握，也可能需要一兩週的時間練習，當你可以掌握足弓的控制後，我們進到下方步驟。

● 中階

1″ 現在試看看，採取一腳前一腳後的分腿蹲姿勢。

2 把足部重心全部壓在大拇趾上，但是
腳跟不離地。

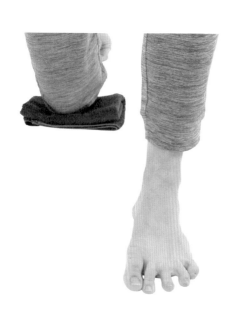

3 接下來，把重心放在小拇指側，一樣
維持腳跟不離地。控制足部的重心，
並且找到足弓拉起的位置。

● 進階

1 採分腿蹲姿，會讓骨盆周圍的肌肉也參與進來，
包含骨盆後側的臀部肌群、骨盆底肌群，都會
連動參與。

做這個動作時，會感覺屁股外側有點酸，同時
骨盆前側需要些微收縮。肚臍下方會有些微用
力的感覺。這是因為你已經透過足部正確的發
力，啟動了四大深層核心肌群的腹橫肌參與。
（一組 8~12 下，每週三次以上的練習就可以
讓屁股看起來更圓！）

完成了初階到進階的步驟，你就重新找回雙腳札根的方法，有效的連動了深層核心與足部的穩定。

許多媽媽在產後有漏尿的問題，或是感覺陰道比較鬆弛，透過本書的呼吸練習與深層核心啟動，以及縮足運動，可以一併解決漏尿以及骨盆底肌鬆弛的問題。

當你掌握到上述從足部到核心的建立方法，恭喜你，你掌握了足部到核心的穩定，可以找回軀幹的穩定性，遠離惱人的下背痛。加上下面的「肌力訓練」，還可以讓你腰椎的曲線更加美麗。

● ● ●

肌力訓練

每個骨盆背後，必定有一對好屁股！

臀部肌的肌肉其實也有三兄弟之分，要找回良好的骨盆穩定度，三塊臀部肌肉都不可以放過。**它們分別是臀大肌、臀中肌、臀小肌**。我們可以透過在家自己執行，喚醒臀部三兄弟，讓它們隨叫隨到，再也不離開你。

弓步蹲墊腳練習：

1 一腳前一腳後，採分腿蹲預備姿勢。注意前腳的膝蓋必須對準腳趾頭。

2 將後腳拉起，進入單腳站的姿勢，前
  腳的膝蓋一樣對準腳趾頭。

3 重複步驟 1~2；練習將動作 1~2 的轉
  換速度變快。

4 接續動作 1~2 ，在後腳拉起之後，進入跳躍的
  動作。一腳進行 8-12 次之後換腳。兩腳輪流
  進行 3-6 組。若有品質能進行的 3-6 組，就可
  以挑戰米字蹲跳。

米字蹲跳：

1 一腳在前，另一腳跨越身體中線，擺到靠近對側腳的位置，進入米字弓箭步的預備姿勢，注意前腳膝蓋必須對準腳趾頭。

2 將後腳拉起，進入單腳站的姿勢，前腳膝蓋一樣要對準腳趾頭。

3 將後腳放回地面時，著陸點偏離身體中線，擺到遠離對側腳的位置，進入另一個方向的米字弓箭步。

4 接續步驟 1~3，在後腳拉起之後，進入跳躍動作。

研究顯示，光是閱讀運動的方法，腦袋中開始想像進行這些運動，大腦就開始傳遞讓肌肉收縮的訊息；也就是說，當你在閱讀這一章節每一個動作，都會誘發大腦的前額動作區開始活化，你知道這代表什麼意思嗎？表示你的身體已經預備好執行這些運動，迫不及待重新在身體這塊畫布上畫出新的篇章了！

舒緩肩頸痠痛

許多人都以為產後媽媽除了身材走樣之外，還會有體力下降的問題，這大概是本世紀最大的誤解之一了！

媽媽的體力真的比較差嗎？不然怎麼整天全身痠痛呢？要回答這個問題很簡單，讓爸爸來帶一個星期的小嬰兒就知道答案了！帶小孩這麼需要體力的活，在經歷生產之後還可以勝任，其實很多媽媽的體能跟身體的潛力是好得驚人！那到底為什麼，產後身體還很容易痠痛呢？

其實女性的身體在預備生產時，骨盆會分泌鬆弛素、黃體素，這些賀爾蒙作用在骨盆周圍的韌帶上，能讓骨盆適當擴大，成為小寶寶適當的居所。但是這些賀爾蒙並沒有聰明到只針對骨盆周圍的韌帶作用，事實上，它們會導致全身韌帶都變得比較鬆弛，並且根據每個媽媽產後哺乳的時間不同，賀爾蒙影響的時間長短也不同。**一般在產後的半年都會持續受到鬆弛素的影響。也就是說，產後媽媽常常感覺到無法適當的發力、容易肌肉酸痛，其實是激素的影響，並非體能不足！**

● ● ●

自我肌肉放鬆練習

我們都知道韌帶與肌肉就是支撐身體結構、骨頭位置的主要支撐體，當韌帶變得比較鬆時，周圍一樣扮演穩定角色的肌肉，就只好做雙倍的工作，所以特別容易變得緊繃。其中越是靠近骨頭的小肌肉（通常扮演關節穩定的肌肉，都長得比較小），會特別容易緊張。

產後姿勢不良，以及抱小孩、餵母乳的需求，上胸椎與頸椎周圍的負擔也很大，甚至在頸椎上方的頭顱，都可能成為額外的負擔。因此，產後的肩頸酸痛問題，需要從頭部開始按摩，再進到頸椎、胸椎做適當的調整。

本章節要分享的調整順序，從肌肉的按壓放鬆開始，再加上小關節的鬆動與肌群的啟動，非常適合媽媽在家自己保養。

頭部有哪些小肌肉呢？產後媽媽可以自我放鬆四塊很容易記憶的小肌肉：

外翼肌：

1
沿著臉頰往後到耳朵的前方，可以找到一個凹窩。將手指頭輕輕放在這個凹窩上，嘴巴開合，當發現凹窩變得比較深，就找到外翼肌了！嘴巴閉起來，按壓外翼肌，你會驚訝的發現這塊肌肉居然這麼痠痛！

外翼肌掌握了整個頭部是否有辦法穩穩待在脖子上面。若是忽略這塊肌肉的緊繃，長期可能會導致咬合、耳鳴等困擾。

咀嚼肌：

1
手掌輕輕放在臉頰上，做出咬緊牙齒的動作，感覺顴骨旁有塊肌肉鼓起。

2
找到顴骨的位置，沿著骨頭邊按壓。

當咀嚼肌緊繃時，會維持鼓起來的狀態，長期下來會讓緊繃的臉頰看起來比較大。相反的，適當按摩咀嚼肌，可以讓臉部曲線看起來比較小。

按摩這塊肌肉，除了讓頭部肌肉放鬆、放鬆肩頸、讓臉部看起來更小之外，也影響到身體放鬆的效率，每天睡前放鬆這塊肌肉，也可以幫助身體更容易入睡。

前斜角肌：

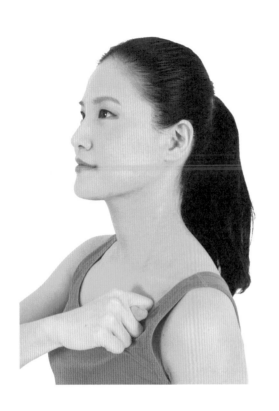

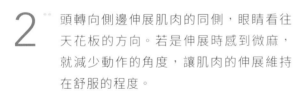

1" 身體坐正，一手固定在鎖骨下方的位置，些微用力。些微收下巴（但同時眼睛要維持水平）。大部分人固定時，會有些微痛感。

2" 頭轉向側邊伸展肌肉的同側，眼睛看往天花板的方向。若是伸展時感到微麻，就減少動作的角度，讓肌肉的伸展維持在舒服的程度。

前斜角肌若是緊繃，容易造成手麻、無力等症狀，有些女生在冬天容易手腳冰冷，也可能與這塊肌肉的緊張相關。由於這塊肌肉下方有粗壯的神經血管通過，若是肌肉太緊張會造成神經與血管的壓迫，產生麻、無力的狀況。

產後若是姿勢不良，也會加重前斜角肌緊繃。由於前斜角肌的解剖位置比較深層，建議使用伸展的方法。

胸小肌：

1 肩頰骨的前側，俗稱喙凸：這個點可以沿著
鎖骨往外摸，一直到肩膀旁邊有個凹窩，這
個凹窩壓進去就可以摸到喙凸。

建議每次按壓的時間是 30 秒～ 60 秒；不
要超過 90 秒，避免產生發炎反應。

2 另外一個點是第五肋骨，先找到兩乳頭的連線，選
擇其中一個乳突連線往下一個指幅寬度的位置，就
是第五肋骨胸小肌連接的地方。通常這位置也是內
衣鋼圈的位置，按壓時要把鋼圈拉起來放鬆。

建議每次按壓的時間是 30 秒～ 60 秒。

胸小肌這塊肌肉下方，也有大量粗壯的神經血管通過，由於胸小肌從肩胛骨連結到肋骨，因此這塊肌肉
緊繃時，不只胸部周圍，連肩胛骨與肩膀的活動也會受到影響。

找回舒服的上背

在執行完上述四個肌肉的放鬆按壓之後，還記得我們前面提到過，肌肉緊張的源頭是因為韌帶的鬆弛。因此，適當按摩過度緊張的肌肉後，我們要正確的活動小關節，強化頭、頸椎、胸椎周圍的小肌肉，讓肩頸痠痛不再來！

上胸椎的開胸運動

1　側躺在地面上，雙腳彎曲，讓膝蓋的高度與骨盆同高，雙手伸直與肩關節同高。

2　確保你的頭部有正確的支撐後，將靠近天花板的那一側的手，沿著另一手的手臂滑動。

3　一直到整個手臂滑過身體，貼平地面。

每次進行 6-8 下。

肩頰骨周圍肌肉啟動

1 延續上述的側躺姿勢，雙手握拳，手肘伸直，朝向天花版。此時會發現一手較高，一手較低；嘗試將較高的那一側手，在維持手肘伸直的狀況下，往地面靠近，另外比較低的那一側手往天花板的方向一動。

2 這時等於一手做出「拉」的動作，另外一手做出「推」的動作。這個動作可以讓胸椎的小關節活動，同時可以啟動肩胛骨周圍的穩定肌群，非常推薦。

每次進行 6-8 下。

仰躺姿勢，頸胸穩定運動

1 仰躺姿勢，雙手與肩膀保持水平，右手掌貼平地面，
另一手手背貼平地面。

2 雙腳彎曲，讓髖關節彎曲九十度，膝
蓋在髖關節的上方，同時雙腳併攏。

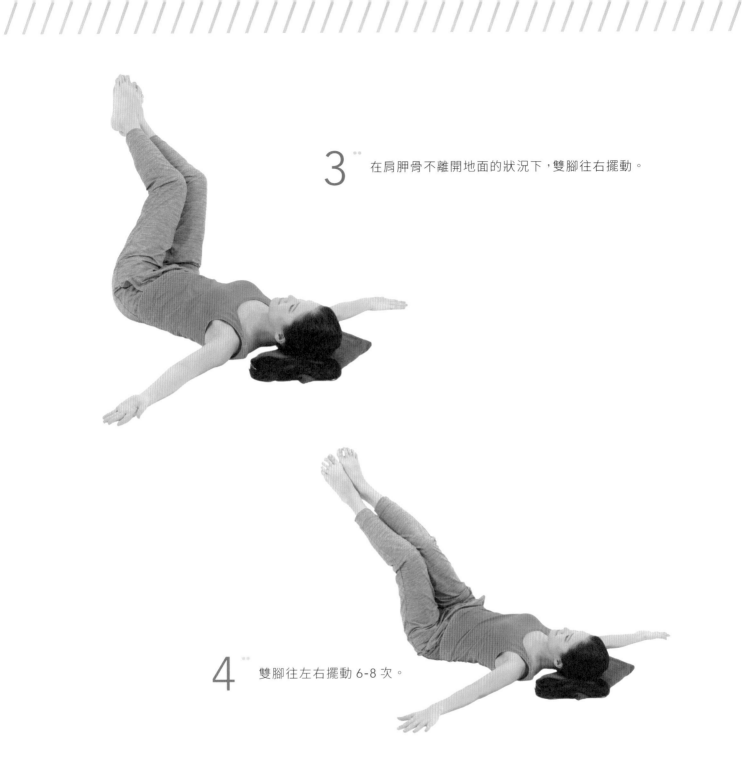

3" 在肩胛骨不離開地面的狀況下，雙腳往右擺動。

4" 雙腳往左右擺動 6-8 次。

若是媽媽產後沒有掌握時機調整體態，許多媽媽會逐漸出現圓肩駝背的問題，讓脖子看起來比較短。這個問題其實很容易被忽略，直到產後三五年才發現頸椎後方形成了一塊肥肥厚厚的小肉包，俗稱富貴包。其實就是因為長期姿勢不良，導致第七頸椎與第一胸椎壓迫，小關節長期壓迫，加上肌肉緊張所形成的。

擺脫產後肩頸酸痛的原則，就是針對小肌肉的放鬆、小關節的活動，以及周圍穩定肌群的啟動。若是忽略這類肩頸酸痛的問題，長期下來不只是肌肉骨頭的酸痛，若是造成神經壓迫，可能導致酸麻、肌肉萎縮的情形。頭部周圍小肌肉的緊張也會影響休息的效率，嚴重者甚至會有失眠的狀況哦。

4 擺脫產後媽媽手

產後的新手媽媽，因為哺乳以及餵小孩時，大量使用手腕與手臂肌肉的緣故，特別容易導致腱鞘發炎，因此腱鞘囊炎又稱為「媽媽手」。

媽媽手初期，在手腕周圍會有痠脹感，當發炎更加嚴重時，大拇指用力（不論是翹起來會是向內收）就會在手腕處產生疼痛，當狀況進一步的惡化，可能會導致拇指的動作障礙，無法握緊物體，或是無法做出拇指翹起的動作。

● ● ●

媽媽手的主謀：腱鞘發炎

到底什麼是「腱鞘」發炎？

我們都知道人類的手，是一個非常精細的工具，許多的演化與歷史學家也不斷強調，由於人類手部可以做出精細技巧，讓人類在演化與發展上比其他物種進步得更快。

這麼一個精緻，甚至掌握了人類進步的構造，當然是由格外精緻複雜的肌肉組成的。如同多功能的電腦一樣，為了達到多重效益與控制，在電腦周圍可能需要利用很多電線連結音響、滑鼠、螢幕等等構造。而我們手部的小肌肉，就如同這些電線，在手腕的地方進行複雜的交錯，一條一條電線通往不同方向，控制手部不同的動作。

但是當電線太多時，也會造成電線之間打結的狀況，這時候該怎麼辦呢？**所以上帝在創造人類時，就使用「腱鞘」把肌肉跟肌肉之間做出分隔，就好像我們會使用塑膠圈把複雜的電線進行整理一樣，「腱鞘」就是肌肉與肌腱外面那一層保護與分隔的薄膜。**當肌肉收縮時，肌肉會在腱鞘裡面滑動，這是理想的狀況；但當肌肉使用過度，產生過多滑動時，這層腱鞘可能就會發炎、沾黏，此時肌肉無法順利滑動，就可能卡在這層腱鞘裡，悲劇就發生了！

改善媽媽手

介紹完腱鞘後，我們可以先做一個快速又簡單的檢測，看看此刻你的雙手腱鞘是否還舒適安好！

媽媽手的檢測法

1 大拇指握在四指之內，其他四指握拳。手肘伸直。

2 將拳頭下壓，往小拇指的方向移動。

此時，如果你發現手腕周圍有酸脹、緊張的感覺；或是手腕無法做出往小拇指方向移動的動作，就表示這條肌肉已經過度緊繃了。

酸脹感，表示可能有輕微發炎。是哪條肌肉在發炎呢？雖然疼痛的地方在手腕，但這塊肌肉其實是從手肘連到手腕，常發炎的兩條肌肉叫做「伸腕短肌」以及「外展拇長肌」，從手肘關節的外側開始連結，尋找適當的按摩放鬆點非常容易。

四步驟，放鬆媽媽手肌肉

1 找到手肘關節線，沿著關節線找到外側
手肘髁。從外側手肘往下兩個指幅，這
附近可以找到一塊凸起的肌肉。

2 將另外一手的手指頭放到凸起的這塊肌肉之間。
將被按摩的手（這時被另外一手抓住），手掌
上下來回轉動 15 下，此時會感覺肌肉在指頭之
間滑動，可能會有滑動的聲響，以及酸痛感。

完成上述的放鬆之後，重新再進行一次檢測，你會發現疼痛感下降了，或是可以活動的角度變大了。

建議每天都可以進行自我按摩與放鬆。如果疼痛的感覺分為 1~10 分；0 分是完全不痛，10 分是痛到不行。那麼，按摩強度的疼痛感應維持在 4~6 分，可以感覺到疼痛，但卻是舒服的疼痛感！

若是手腕周圍的疼痛比較嚴重，可以在進行所有抓握動作時，不要再讓大拇指參與，只用四指進行抓握，這是一個戰時強迫肌肉休息的方法，對於肌肉的修復與休息有幫助。當然，五指的人類被強迫只能使用四指的時候，抓握的力量會變小，也不適合拿太重的物體喔！

找回少女線條

「我想要恢復生產前的身材！」

「年紀大了，身材跟年輕的時候不一樣啦！」

許多人會以為產後身材無法恢復跟年輕的時候一樣，事實上，生產對於女生來說如同第二次投胎，產後若能使用正確的運動修復，反而有更好的體型與運動能力。讓我們透過這個章節，一起來掌握產後找回體態的方法！

首先我們必須要有個基本共識，**好的身材包含兩個層面：一是身體內的脂肪是否過多，二是身體肌肉是否有正確使用。**前者就是一般常見的熱門話題──減脂；後者則是增加基礎代謝，以及體型線條的修飾──增肌。

增肌減脂，是常常在許多健身房或健身廣告中看到的宣傳字眼，好像多唸幾次就會瘦？好像有流汗就會瘦？其實當中有一些名詞誤會，我們必須在本章節開頭先正確的認識這些字詞，找到適合的訓練課表，才能夠有效率的達到我們恢復身材的目標。

讓我們先來認識「增肌」這件事情的本質與真相吧！

● ● ●

增肌

為什麼需要增加肌肉量呢？有三個主要原因：

1. 增加基礎代謝

一般進行基礎代謝測量時，其定義是「整天躺在床上，什麼事情都不做所需的熱量」。人類可以不被大自然淘汰，一部分來自大腦有非常棒的節能系統，若某一餐沒有進食，或是地球突然無法提供食物時，大腦會盡量將能量保存在身體上，避免人類瞬間餓死。

在這個節能系統中，也就是熱量計算的世界中，肌肉就是一個賠錢貨！相較於肌肉，脂肪細胞可以儲存較多能力，因此大腦更喜歡讓脂肪留在身體裡。也就是說，如果不刻意維持身體的肌肉量，大腦會傾向於減少肌肉量、增加脂肪的儲存。隨著年紀增長，肌肉力量會不斷下降，脂肪會不斷增加，其實就是大腦節能的一個過程。

雖然節能系統能讓人類陷入危機時不至於馬上餓死，但是卻會累積許多慢性疾病，讓身體感覺更加疲憊，因此必須透過增加肌肉量，打破大腦的節能系統，強迫肌肉量上升。

2. 維持骨質密度

女性身體有個特別機制：骨頭密度受到雌激素賀爾蒙的影響深遠。懷孕時，由於賀爾蒙變化，會讓媽媽提早有骨質疏鬆的現象，這個問題會在 40~50 歲變得明顯。

很多人往往因為這項診斷結果，更加不敢運動，但卻會讓骨質流失更快！而除了骨頭變脆、骨折後難以癒合、骨質流失也會影響到身體其他系統的平衡。

事實上，骨質疏鬆是可以透過正確運動來改變的！骨頭是個奇妙的結構，它是硬是脆，受到我們給這塊骨頭多少壓力而調整。當你常常給予骨頭適當的壓力、挑戰，它就會變得比較硬，當你讓骨頭維持一般的使用，骨質就會不斷流失，越來越脆弱！舉例來說，一般我們把錢存在銀行，沒有豐厚的利息，但至少錢不會變少，但是骨頭這個儲存骨質的銀行非常糟糕，只要不積極儲存更多骨本，擺著不動，儘管沒有特別傷害它，它也會自動流失骨質！

要如何增加骨本呢？我們要藉著附著在骨頭上的肌肉，透過肌肉的訓練，增加骨頭的壓力，達到維持骨質密度的效果。正確的肌力訓練，是避免骨質疏鬆最佳的方法！

3. 維持關節健康

肌肉、骨頭是身體兩大系統，唇齒相依，有好的肌肉系統才有好的骨頭架構系統。

世界上沒有一個神醫可以解決你肌肉量不足的問題，身為物理治療師，看過千百個關節錯位的客戶，但不管技術再厲害，能三兩下把骨頭放回正確的位置，疼痛減緩之後，它還是需要自己進行正確的運動，讓自身的肌肉強壯，以支撐這些剛復位的關節。

產後媽媽的肌肉量通常不會太差，畢竟生小孩、帶小孩都是吃力活，比較可惜的是沒有正確啟動、活化這些肌肉，加上賀爾蒙影響讓韌帶鬆弛，很多媽媽以為自己的體能差。事實上，產後媽媽只需要透過簡單運動，就可以快速恢復肌肉與理想的肌肉量！

自我肌肉放鬆練習

當然，不是每個人一開始都適合直接進入重量訓練，必需足夠了解自己，選擇適合的動作。現在有很多評估工具可以幫助了解自己身體的狀況，例如「功能性動作篩檢 FMS」就是非常推薦的一個檢測，但是需要有專業人士指導，才有辦法準確進行。

產後 3~6 個月的時間，因為鬆弛素的影響，全身韌帶都會比較鬆弛，若在此時進行阻力訓練，鬆弛的韌帶更容易造成關節的傷害。因此產後 3~6 個月的抗阻訓練，需要比較嚴格的中軸檢測，避免訓練後反而造成身體歪斜或排列變形。

這裡跟大家分享一個簡單的方式，可以了解身體是否已經預備好進入訓練。

訓練前的自我檢測

1　分腿蹲的姿勢下，後腳膝蓋跪地，維持身體長高。耳朵、肩膀、骨盆、髖關節、膝蓋從側面看起來要是一條垂直地面的線。

2　雙手慢慢向上舉高，直到感覺腰椎無法維持一直線為止。

此測試可以預表肩關節向前屈曲時，到了哪一個角度可能會讓腰椎失去穩定，而腰椎失去穩定是在產後進行重量訓練時，我們要小心積極避免的。這個動作是矢狀面的穩定。

注意身體從側面看起來，必須要是一條垂直地面的線。

$3^{\cdot\cdot}$ 雙手握拳放在胸口前。

$4^{\cdot\cdot}$ 雙手同時往身體斜上方移動，再往斜下方移動，移動的距離必須到達肩關節的前側，以及髖關節的前側。這個動作是測試在額壯面上面的穩定度。

若是在進行額狀面的動作檢測時，有軀幹出現晃動的狀況，在額狀面的負重訓練要特別小心。

5　雙手向前彎曲 90 度，雙手掌互推，維持穩定。

6　請旁人從側面給予一個輕輕的推力，觀察身體是否有辦法維持在穩定不動的位置。這個測試了解水平面上的穩定。

NG

注意身體必須維持在穩定不動的位置。

肌力訓練

了解了增加肌肉量的重要性之後，接著來學習如何進行適合的肌力訓練課表。本章節將會參考肌力體能訓練的基本五大動作：推、拉、下肢提起、蹲、旋轉等五大動作類型舉例。

建議在家可以先從每個運動的「預備動作」開始著手。透過這些預備動作，許多人會發現身體一直沒有注意到的緊繃與無力，這些問題在後期訓練中都將慢慢改善，早期的困擾都將成為後期的成績與驕傲！

在完成預備動作進入到「初階動作」與「進階動作」時，建議在專業教練指導下進行。選擇一個好教練，請他幫你確認基本動作有到位，在正確的動作基礎下，就可以慢慢增加重量與組數，有許多可能性，再一次愛上自己的身體，如同愛自己的家人、孩子一般，畢盡，我們都是先愛自己，才有辦法把豐富精彩的愛帶給家人！

上肢推 PUSH

在進行真正的重量訓練之前，此系列動作可以先測試媽媽是否能進行伏地挺身，並且在執行時維持身體的穩定性。

● 預備動作：

1 採上肢斜向伏地挺身姿勢，雙手穩定撐住，預備動作。

斜向伏地挺身的難度較低，一般女性在上臂力氣不足的情況下直接進行伏地挺身訓練，容易做出錯誤的代償動作。

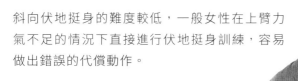

2 單手抬起，觸碰對側肩膀，左右手可來回練習。

● **初階動作：**

強烈建議產後媽媽在剛開始恢復肌力訓練時，從單手胸推開始練習，這可以避免產後媽媽的胸椎在訓練時造成緊繃。

1 採仰躺姿勢，單手握住壺鈴。

2 做單手仰臥胸推。手臂維持直線，將壺鈴舉起。

建議一手進行 6~8 下的訓練，注意動作中維持脊椎貼平地面。若是沒有壺鈴，可以替換成其他重物，例如啞鈴、水壺。

建議一開始以 5-8 公斤重量的壺鈴開始。

● 進階動作：

1 在分腿蹲的姿勢下，使用彈力帶作為輔助，一手放在髖關節旁邊抓著彈力帶固定；將彈力帶繞過軀幹後方，另一手與肩關節同高。

2 肩關節同高的手，往前做出水平推的動作。

反覆 6-8 下，換手。

上肢拉 PULL

● 預備動作：

1[″]　採上肢斜向伏地挺身姿勢。

● 初階動作：

1[″]　與上肢斜向扶地挺身動作相同，但是強調動作離心收縮的部分。也就是在斜向伏地挺身中，軀幹慢慢靠近椅面的過程，胸口靠近手掌的動作放慢。反覆 6~8 下。

● 進階動作：

1 斜向俯臥划船。單手利用小板凳支撐，將單側
肢體墊高，預備姿勢時身體要維持穩定，頭、
胸、骨盆維持在一直線上，主要出力跟動作的
位置在手肘。

2 單手提起壺鈴，手肘不過腰，在此動作下嘗試
用單腳支撐，或是雙腳張得更開等，不同腳型
進行，藉此改變身體支撐的底面積，改變動作
的難度。

建議一開始以 5~8 公斤的壺鈴重量開始。

一手進行 8-12 下。

下肢蹲

● 預備動作：

1["] 預備一個大約五公分高的物體（可用瑜珈墊折起替代），以及一個目標物（瑜珈磚、水瓶、矮凳皆可）。雙腳腳跟墊高站直，雙手掌交疊，向天空伸直。手心朝前。

2["] 往前觸摸前方的目標物，同時雙腳的膝蓋維持伸直。

3 摸到物體後，膝蓋彎曲感覺屁股坐到小
腿上，動作中維持雙手觸碰目標物。

4 進入蹲姿後，雙手輪流舉高指向天花板。

5 起身，雙手手肘伸直，往天花般的方
向延伸，感覺覺身體長高，眼睛平視
前方。

動作反覆 6-8 次。

● 初階動作：

1 將重量拿起在靠近身體前方的位置，在腳跟墊起的狀況下進行高腳杯深蹲。

2 下蹲時維持身體直立，眼睛平視正前方。確保身體從側面看起來盡量與腳腿平行。若是身體的條件允許，腳跟不需要墊起來。

動作反覆 8-12 次。

● 進階動作：

為了讓身體可以承受更多重量，甚至預備進行其他類型、需要身體有更好能力的運動時（例如體人三項、馬拉松），許多人會使用槓鈴這樣的器具，但是強烈建議需要有專業指導下使用器材！

要做出好的槓鈴蹲舉，需要有前面兩項身體能力，一般居家自我練習的產後媽媽，在初階動作不斷增加重量就已經相當足夠，女生從 8 公斤開始慢慢增加重量。

深蹲需要足夠的下肢活動度與好的核心控制，本書籍中提到的運動，不論是否有運動背景者都可以嘗試進行，但是若在過程中遇到不適，或是對於自身身體反應（肌肉出力的位置）有疑問，必須進一步詢問專業人員。

肢硬舉

硬舉是一個非常好的運動，適合所有年齡、族群的人進行練習。但前提是必須要有良好的髖關節活動度，為此我們要做兩個預備動作。

● 預備動作：

1 找一條繩子（彈力帶），在仰躺的姿勢下，使用繩子先固定單腳，雙腳一起抬高到與地面垂直的狀態，若是過程中有任何腰椎的不舒服，則減少腳抬起的高度。

2 利用繩子輔助穩住其中一腳，另一腳慢慢往地板方向靠近。這時應該會感覺用繩子穩住的那腳後側有緊繃感，這是一個腿後伸展的動作練習。

3 直到腳放回地面，再重複進行動作。

反覆動作，直到用彈力帶支撐的腳可以抬得更高為止。

● 初階動作：

1 身體靠近牆壁一步的距離。

2 屁股往牆壁靠近，感覺雙腳好像一個螺絲釘，要往地板下鑽，但是腳並不產生動作，這個發力的意念會幫助屁股深處的旋轉肌更加用力。

● 進階動作：

1   將目標物放在雙腳中間。

2   維持膝蓋伸直的狀況下，將髖關節彎
    曲，感覺屁股往後坐，這時會感覺到
    大腿後側有緊繃感；當髖關節無法再
    更多彎曲時，可以將膝蓋彎曲，直到
    雙手觸碰到目標物。

3   雙手觸碰到目標物後，感覺足底三點穩穩
    地踩在地板上，髖關節發力做出伸直的動
    作，身體站直。

單元三

產後 體態大翻盤

旋轉 ROTATORY

● 預備動作：

1　採弓箭步姿勢，雙腳在一直線的左邊與右邊。手握
　　一個目標物（瑜珈磚、水瓶皆可）。

2　雙手作出「砍材運動」的動作。

● 初階動作

在弓箭步的姿勢下，雙手將彈力帶往左右兩側延伸，此時應該感覺肩胛骨些微出力，但依然維持脊椎在中立位置。

1 從眼睛帶動動作，將上半身慢慢往前側腳的方向旋轉。注意過程中雙手與軀幹都維持在起始位置，所有的動作發生在髖關節。

2 將上半身往後側腳的方向旋轉，此時可能會感覺後側腳鼠蹊部周圍有些微的伸展感。來回 6-8 次。

● 進階動作：

練習軀幹維持不晃動，四肢進行旋轉的變化。真正厲害的旋轉穩定肌群，也就是我們的腹部內外斜肌，一般日常身活動主要扮演 「抗旋轉」的角色，下面的土耳其半起身格外有趣，會明顯感覺腹部肌群的參與。

1　仰躺姿勢，一手握拳指向天花板，手臂垂直地面，此時感覺整隻手臂從肩胛骨到拳頭都有用力維持穩定，特別是肩胛骨與胸椎之間。

　　將一隻鞋放到拳頭上。

2　同側腳膝蓋彎曲，腳板踩在地上；另一手掌朝下，往地面的方向推，起身。

　　若握拳的手臂沒有維持垂直，鞋子會掉到地板上。眼睛看往鞋子的方向，在軀幹不產生動作的狀況下，手腳同時用力，變成手肘支撐。踩地的腳往地板上踢，會輔助腹部內外斜肌群的參與。

3　將手肘支撐變為手掌支撐。將上述步驟 1-4 反過來進行，最後回到地板上。來回 6-8 次。

　　負重訓練是增加身體肌肉量的唯一途徑，足夠的肌肉質量不只可以增加身體的基礎代謝，也可以減緩產後骨質疏鬆所造成的問題。不論是什麼類型的負重，啞鈴或壺鈴、TRX 或是其他小工具，非常推薦每一位媽媽找到自己喜歡、擅長並且可以增加肌肉量的運動類型。

1

可體松匱乏簡易問卷

1. 你常沒有特別原因而感覺疲憊衰弱嗎？

2. 你有長期壓力嗎？

3. 你有失眠或是睡眠障礙嗎？

4. 你的性慾低落嗎？

5. 你感覺焦慮或是心情沮喪嗎？

6. 你有月經困擾嗎？

7. 你有全身肌肉酸痛或關節疼痛嗎？

8. 你有進食方面的問題嗎？

9. 你最近體重有增加或減輕嗎？

10. 你有胃潰瘍或腸炎嗎？

11. 在集中注意力、記憶、或學習上你有困難嗎？

12. 你有過度緊張或是常出現頭痛的不適嗎？

13. 你有輕微發燒、喉嚨痛、頸部淋巴腫痛等類似感冒問題嗎？

如果你有以上兩個問題答案為「是」，有可能是可體松（壓力賀爾蒙）匱乏，建議
尋找附近相關的功能性醫學診所進行檢查。

2

懷孕初期 運動課表範例

這階段運動有兩個口訣送給大家「有氧能力的維持、腹腔壓力的穩定」，掌握這兩個訣竅之後，我們來看看如果要設計一堂 60 分鐘有運動課程，該如何適當安排。

一堂 60 分鐘的運動課程，其中暖身跟收操的時間，應該要佔全部時間的 1/3，除了身體預備好開始運動之外，也讓運動者做好心理準備。剩餘的 40 分鐘，為主要訓練部分。基本上所有課表，都可以根據這個框架設計，其中的比例可以改變與轉換，但千萬要預留時間給暖身跟收操。

若是更加精緻一些，10 分鐘的暖身裡，可以設計 2~3 個不同姿勢下的「啟動腹腔壓力穩定的呼吸練習」。如同書中 p.32 舉例的動作，

例如：在單腳站的姿勢下，找到維持 3 個維度的呼吸擴張；以及在硬舉的姿勢下，找到 3 個維度呼吸擴張的方法。

主要訓練時間 40 分鐘，又可以拆分為前 20 分鐘的有氧運動練習，以及後 20 分鐘的腹腔壓力穩定進階練習。

還記得我們提過有氧運動的定義：讓心肺系統在有壓力下的大肌肉群交替使用。因此執行這類有氧運動時，感覺有些微喘，但是還可以完整的說出一句話的程度，這樣的強度對於懷孕初期的運動就足夠了。

最後的 10 分鐘收操，可以針對訓練的主要大肌肉群進行伸展。

項目	時間	內容	目的
暖身：肌肉啟動	5 分鐘	3D 呼吸與髖關節運動 深蹲姿勢下骨盆底肌群啟動	建立腹腔壓力穩定
暖身：低強度有氧	10 分鐘	縮足運動米字練習	足部正確發力
有氧訓練	10 分鐘	坐姿固定式腳踏車	有氧訓練減少子癲前症的風險
主訓練	25 分鐘	1 仰躺呼吸運動變化 6 下 2 仰躺到半起身 6 下 3 分腿蹲核心變化 6 下 4 單腳站下的核心訓練 6 下 5 雙腳站姿毛毛蟲運動 重複上述 1~4 動作，4 個循環	腹腔壓力的穩定練習
收操	5 分鐘	胸小肌伸展	增加胸椎活動度

3

懷孕中期 運動課表範例

懷孕中期運動的目的，是要增加媽媽的平衡能力與重心轉換的能力，這時期也是媽媽最適合進行各項訓練的時候，可以適當的加入肌力訓練，以及中等強度的有氧訓練。

下方是一堂 60 分鐘的課表設計，加入部分的負重，建議媽媽可以根據自身的身體能力選擇適合的運動。

但是切記在動作的選擇上，要避開仰躺的運動姿勢，例如臀橋運動、臥推都是這時期應該要完全避免的動作項目。

項目	時間	內容	目的
暖身	5 分鐘	腰方肌按摩	放鬆中期骨盆前傾倒造成的腰椎緊張
肌肉啟動	10 分鐘	縮足運動單腳站變化	平衡能力訓練與骨盆穩定
主訓練	15 分鐘	1. 下肢蹲 2. 改變身體的重心位置 A 組 3. 上肢推 4. 改變身體的重心位置 B 組 5. 四足跪向後坐 6. 硬舉 每個動作進行 8~12 下	上下肢的肌力訓練
收操	10 分鐘	開胸運動	增加胸椎活動度，緩解因為乳房脹大造成的上背痠痛

4

懷孕後期 運動課表範例

懷孕後期運動的目的，就是為了幫助媽媽生產，緩解後期骨盆周圍的壓迫與不適。

因為黃體素與鬆弛素的作用，韌帶在這個時期也已經變得鬆弛，下蹲的動作都可以讓骨盆比較外擴，更容易生產，所以各種與下蹲相關的動作，都很適合加入這個時期。此外，伸展大腿內側，對於放鬆骨盆周圍的壓迫感，以及骨盆底肌群放鬆都很有效。

一堂 60 分鐘的課程設計，可以利用，蹲、硬舉的相關動作，結合有氧運動的內容。

例如暖身以伸展大腿內側開始，加入髖關節周圍的活動，例如高臀式爬行，再加上鴨子走路最為主訓練，最後讓媽媽呼吸，達到舒緩與放鬆的效果。

項目	時間	內容	目的
暖身	10 分鐘	1. 坐姿下內側肌群拉伸 2. 雙膝下腰	緩解骨盆周圍張力
肌肉啟動	15 分鐘	1. 高跪姿向後座 2. 四足跪姿向後座	改變骨盆周圍重心 髖啟動預備下蹲練習
主訓練	15 分鐘	1. 鴨子走路 2. 高臀位爬行 3. 輔助下蹲	借著輔助下蹲，協助骨盆外擴
收操	10 分鐘	腰椎放鬆	誘發橫膈動作，刺激副交感神經

國家圖書館出版品預行編目 (CIP) 資料

孕.動.瘦／張保惠著. -- 一版. -- 新北市：木馬文化出版：
遠足文化發行, 2018.05
　面；　公分
ISBN 978-986-359-528-1(平裝)
1. 懷孕 2. 產後照護 3. 運動健康
429.12　　107006649

孕・動・瘦

**紓壓備孕、緩解孕期不適、去除產後臃腫，
恢復少女線條的快樂運動法！**

作　　　者｜張保保（張保惠）

動作指導｜白凱瑩、蕭靖微

示範人員｜白凱瑩、蕭靖微、范晴雯

執 行 長｜陳蕙慧

副總編輯｜李欣蓉

編　　　輯｜陳品潔

書籍設計｜謝捲子

行銷企畫｜童敏瑋

社　　　長｜郭重興

發行人兼出版總監｜曾大福

出　　版｜木馬文化事業股份有限公司

發　　行｜遠足文化事業股份有限公司

地　　址｜231 新北市新店區民權路 108-3 號 8 樓

電　　話｜(02)2218-1417

傳　　真｜(02)2218-0727

Email　｜ service@bookrep.com.tw

郵撥帳號｜ 19588272 木馬文化事業股份有限公司

客服專線｜ 0800221029

法律顧問｜華洋國際專利商標事務所　蘇文生律師

印　　刷｜凱林彩印股份有限公司

初　　版｜ 2018 年 05 月

定　　價｜ 390 元

蹲姿	 直接下蹲	 輔助下蹲
髖啟動運動	  高跪姿向後坐	 四足跪姿向後坐
上肢推 PUSH	   預備	
上肢拉 PULL	 預備	 初階

寬底面下蹲

鴨子走路

彈力帶輔助控制

高臀式四足爬行

初階

進階

進階

孕·動·瘦

Pregnant
&
Fitness